412873

KV-445-732

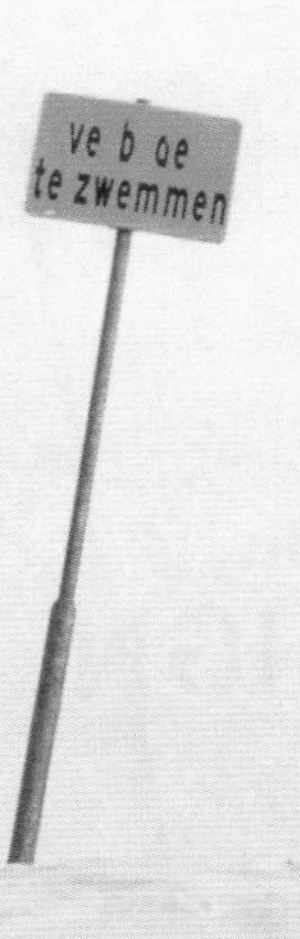
ve b oe
te zwemmen

オランダのデザイン　跳躍するコンセプチュアルな思考と手法
建築・プロダクト編

編著・木戸昌史

DUTCH DESIGN

NEDERLANDSE VORMGEVING *
ITS CONCEPTUAL WAY OF THINKING & MAKING

ARCHITECTURE & PRODUCT DESIGN

EDITOR AS AUTHOR
MASASHI KIDO

PIE International Inc.
2-32-4 Minami-Otsuka, Toshima-ku, Tokyo 170-0005 JAPAN
sales@pie-intl.com

ISBN978-4-7562-4020-0 C3070
Printed in Japan

INDEX

PREFACE

‘WINDMILL’ AS ‘REALITY MACHINE’

オランダの英語名THE NETHERLANDSとは「低地の国」を意味する。オランダで郊外へ一歩足を運べば、どこまでも続く地平線を大きな空が包み込む。見渡す限り手がかりのない景色の中に、近代化された白い風車が並び、気まぐれな風を淡々と受け止める。目の前には、そんな「平地」が景色として広がる。

2002年、オランダの建築博物館(NAI)で「リアリティ・マシン」と題するエキシビションが行われた。本書でも取り上げる建築家やデザイナーなどの作品が一堂に会し、現代ならではの「現実(＝リアリティ)」を「かたち」づくる手法に注目が集まってる。NAIの当時のキュレーター、アーロン・ベッキーは、「自然だけが自明なものとして存在し、人間の身体だけが情報とエネルギーの結節点としてある中で、私たちは自分の周りの世界を築き上げ、世界のコントラストを変えてきた。現実とは私たちがつくりあげ、完成させるものです」と序文を寄せている。

彼の指摘は、まるでオランダのデザイナーが「風」を「大地」に変換する「風車」の役割を担っているかのようである。現代に横たわる見えないものを、目に見える「かたち」にする変換装置としての「FORM-GIVER」。

ON THE FLAT WORLD

郊外の景色から、都市部へと目を向けると、近代的な組積造の建物、それを囲む緑豊かな人工的ランドスケープの間を流れる運河が目を惹く。水は風にゆられ、周囲の景色を映しながら、時に行き場を失い、逆流もする。

土地を築くために、オランダ人は地面を埋め立てるのではなく、水を汲み上げた。多くが海面よりも低く、高低差がほとんどないこの土地では、放っておけば水はむしろ流れ込んでくる。そこで彼らは風の力で水を汲み上げ、地域が連携しあうシステムを考え出した。

干拓のために貴族も平民も同じ立場に立ち、話し合いによって解決してきたこのシステムを「ポルダーモデル」(干拓地モデル)と呼ぶ。フラットな土地の上で、人と自然が無理をせずに関係を持続できる仕組みである。

オランダの郊外の牧草地に目をやると、広がる平地のあちこちに牛が放し飼いにされている。狭い牛舎に押し込まれることもなく、のびのびと草を食べているその様子は、実は牛に草むしりをさせているのだという。これと同じことは人にもいえる。土地を持続させるために、オランダは個々人を主体とする寛容さ(GENEROSITY)を基盤に置き、努力や規律という小さな規範ではなく、大きな規範によって、土地も社会もサスティナブルに維持してきた。優れたデザインはこの土壌の上に生まれ出た豊かな芽のようである。

TO MAKE A NEW SWIRL

本書では、オランダの建築家とデザイナーの作品を「コンセプチュアルデザイン」として位置づける。デ・スティルのように世界を圧縮することを「コンセプト・デザイン」とする一方で、それを現実に再び還元することを「コンセプチュアルデザイン」と呼びたい。

前者が、世界を分析し、人の頭が生み出すバーチャルな「思考」(MEAN-GEVIING) ならば、後者は身体を通し現実化させるリアルな「手法」(FORM-GIVING) である。レム・コールハースがOMA / AMOで、それぞれリサーチと設計という両輪で歩んできたことは、この図式のとおりである。

2×4のマイケル・ロックは、「オランダ・デザインがオランダ国内に限らず、あらゆる場所で起きていることである。オランダではじめに起こったのは、実験と談話と発見の文化があったからである」とする。

1990年代以降、世界の大きな山とされた価値観が、テクノロジーの発達や自由主義経済によって次々に崩されてきた。彼の指摘は私たちが現在直面する、あらゆる起伏がなくなり、フラットに均質化する「平地世界」が、すでにオランダでは過去から存在し、物理的に実験が重ねられてきたことを示している。

オランダデザインがここ十数年圧倒的に世界から注目されているのは、この先取りされた世界の縮図を、多くの人が注視してきたことなのかもしれない。オランダのデザイナーたちは、世界がフラット化し、オランダ化する中で、MEAN-GIVINGとFORM-GIVINGの2つを携え、世界に再び、渦を巻き起こしてきた。

それはまるで彼らが「風車」を逆回転させ、風を巻き起こしてきたようでもあった。

オランダ王国
KINGDOM OF THE NETHERLANDS。通称はNEDERLAND（ネーデルラント）、HOLLANDは俗称。NETHERLANDSは「低地地方」の意。

人口：1653万人（2009年オランダ中央統計局）
首都：アムステルダム
言語：オランダ語、英語
宗教：キリスト教（カトリック29%、プロテスタント19%）、イスラム教（5%）、その他（5%）、無宗教（42%）
政体：立憲君主制
元首：ベアトリクス女王（1980年即位）

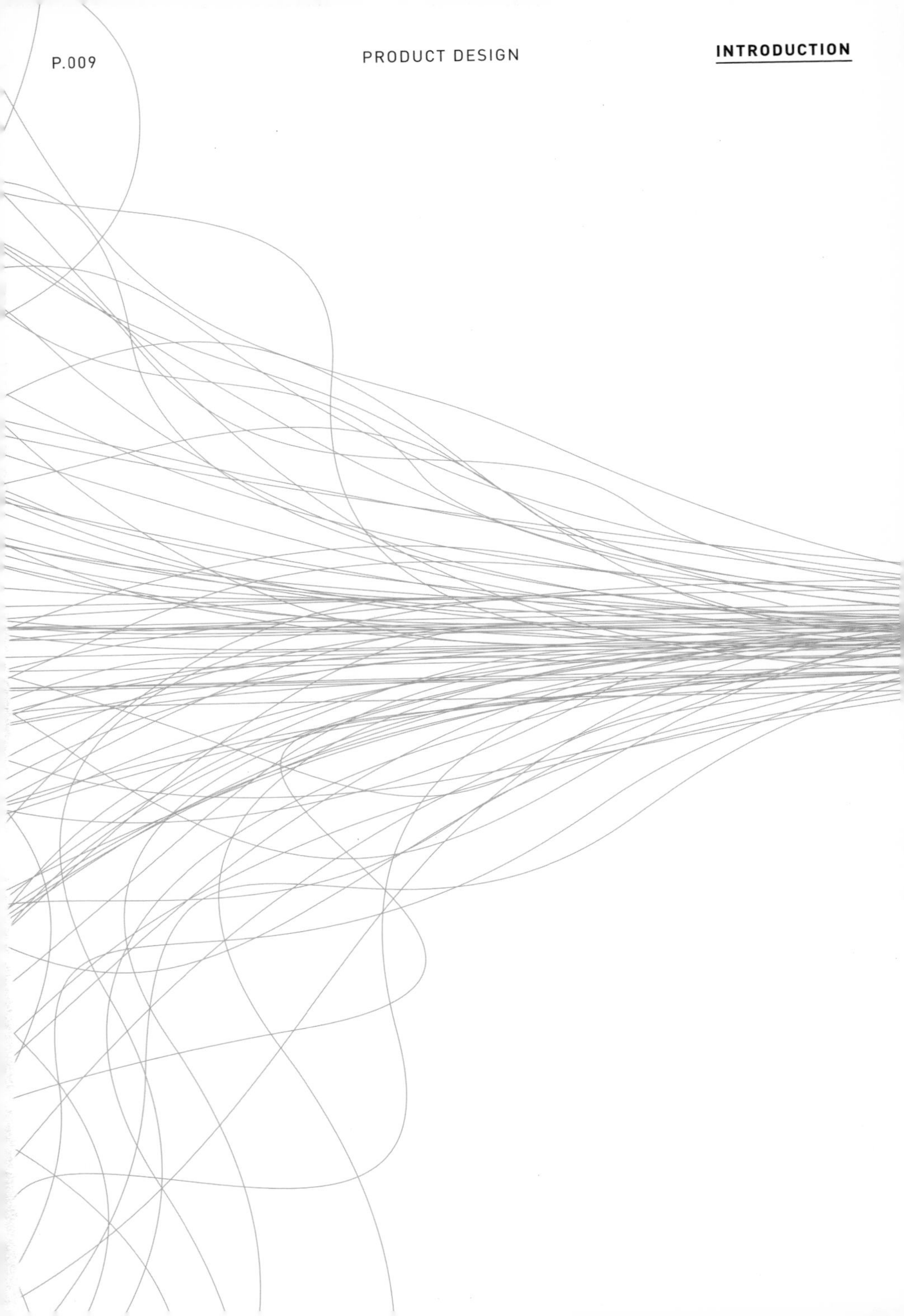

PRODUCT DESIGN

DUTCH DESIGNERS & THEIR WORKS

1992年、デザイン誌の編集者であったレニー・ラマーカスは、当時デザインアカデミー・アイントホーヘンで教えていたハイス・バッカーとドローグ・デザインを設立し、93年のミラノサローネに出展する。このデザインレーベル立ち上げのきっかけは、ギャラリー・マルゼーで展示されていたユルゲン・ベイらによる「ブックケース」、テヨ・レミの「チェスト・オブ・ドロワーズ」、ピート・ヘイン・イークの「スクラップウッド・カップボード」であった。翌年、政府からの助成でドローグ財団を設立し、90年代以降のコンセプチュアル・デザインの流れをつくることになる。

アンチデザインと評されるドローグ以降のコンセプチュアル・デザインの実態は、コンセプチュアル・アートと同様に、デザインを自己言及的に問い直し、論争をベースに解体／再構築を行う試みだったといえる。美術評論家のトニー・ゴドフリーが挙げるコンセプチュアルアートの４要素「レディメイド／インターベンション／ドキュメンテーション／言葉」は、オランダデザインにも同様に見て取れる。

設立時より学生作品を積極的に採用していったドローグの成長の背後には、優れた作品を生むデザイナーの輩出を支えたデザインアカデミー・アイントホーヘンの存在がある。そこではドローグの初期メンバーたちがコンセプチュアルな教育を実践する一方で、パリでトレンド・ユニオンを主催するリ・エーデルコートが学長としてモード的な仕組みを導入し、世界的なプレゼンテーションと連携させた。また、マスプロダクションには乗りにくい作品やデザイナーの活動は、政府や財団による助成はもとより、美術館による買い上げ、展示・販売するギャラリーが90年代後半にかけて充実したことにも支えられている。

この枠組みから輩出されたマーティン・バースなど、のちの世代は、固定された「かたち」ではなく、素材と技術、既製品の「組み合わせ」に特化するドローグのDNAは受け継ぎながらも、マルセル・ワンダースによるモーイからも作品を発表し、00年代以降、世界経済の好況に寄り添うことになる。実用性や経済性にラグジュアルさやインパクトを付け足したこれらの作品は、アート界のネオコンセプチュアリズムと時を同じくするように、デザインアートとして、世界中に行き渡ることとなった。

このドローグとモーイの対比は、60年代以降のグラフィックデザインや建築の分野での議論をはじめ、「作品は文化的な現象なのか、経済効率性を一義的に考えるべきか」という80年代にハイス・バッカーとウィム・クロウエルがそれぞれ企画した２つのオランダ・デザインの展示の論争的な対比とも地続きにある。また、不景気の中でマスの生産に頼らず、デザイナー自ら生産を行う「デザイナー・メーカー」の兆しが、80年代に育まれていたことも見逃せない。

以下のページで、紹介するデザイナーは、過去から現在に続く議論の上に育まれた多種多様な広がりなのである。

INDEX

AMSTERDAM
THE NETHERLANDS
UTRECHT
SCHIEDAM
ROTTERDAM
'S-HERTOGENBOSCH
GERMANY
BREDA
GELDROP
BELGIUM

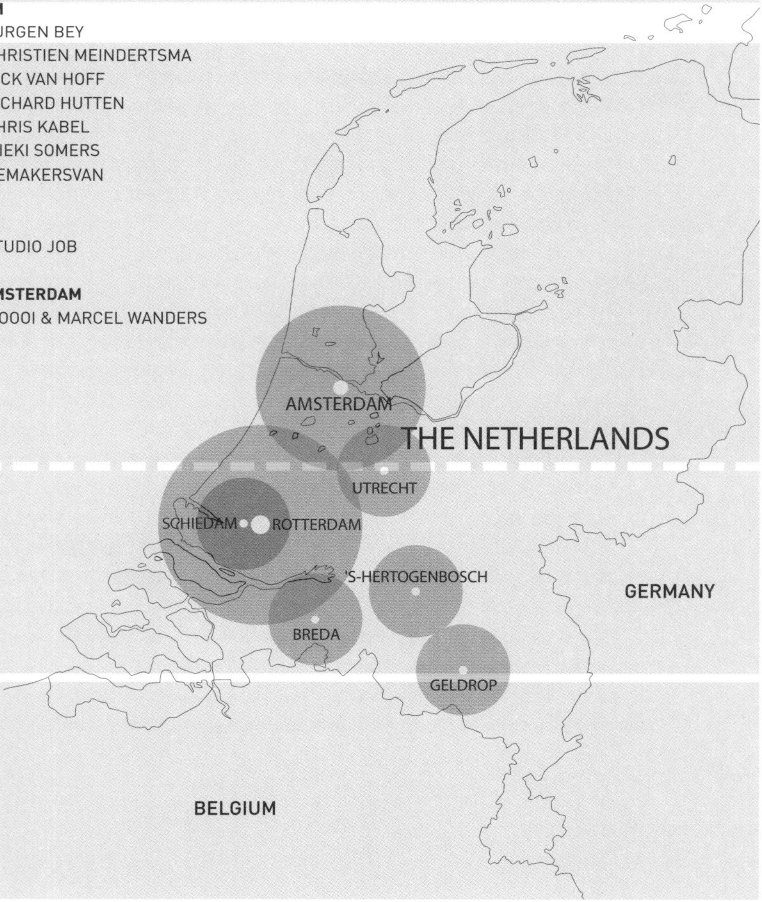

マライエ・フォーゲルサング

MARIJE VOGELZANG

BORN in 1978 / *ATELIER in* AMSTERDAM

PROEF AMSTERDAM
(2006)
マライエの実験のためのアトリエ。ここでワークショップも行う

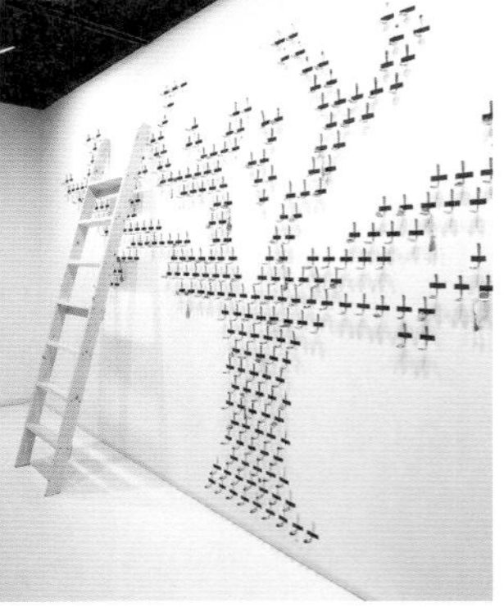

WHITE FUNERAL DINNER
(1999)
お葬式用に白い食べ物をセレクト

SPOON TREE @AXIS GALLERY
(2008)
スプーンを並べた「生命の樹」

2000年、デザインアカデミー・アイントホーヘンを卒業。2004年オーガニックレストランをロッテルダムに、2006年アトリエ兼スタジオをアムステルダムに開設。アカデミー在籍時から食にまつわるデザインを模索し、イーティング・デザインをコンセプトに活動する。

VEGGIE BLING BLING (2007)

子どもが苦手な野菜に親しむためのインスタレーション

ENERGY AND RELAXATION MENU (2006)

活力とリラックスの食材を機能別にセレクトしたメニュー

CHRISTMAS DINNER (2005)

着衣をテーブルクロスで隠すことで身分差なく食を楽しむ

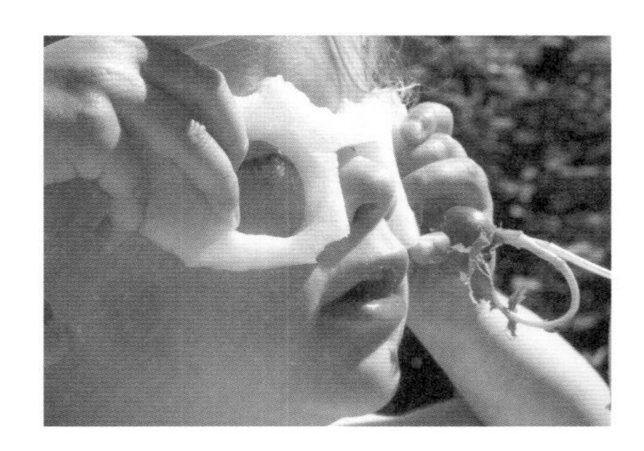

ベルトヤン・ポット

BERTJAN POT

BORN in 1975 / *ATELIER in* SCHIEDAM

THE CARBON COPY (2003)

イームズのシェルチェアにカーボンファイバーを巻きつけ成形したプロトタイプ。後に形を変え製品化

1999年、デザインアカデミー・アイントホーヘン卒業後、カーボンファイバーをレジン樹脂で成形した作品がMOOOIの目にとまり、一躍知られる存在となる。固定化される形にこだわらず、ありふれた素材と身近な形態を使うことによって、身の回りにあるものを再構築する。

REVOLVING CHANDELIER (2009)

ハロゲンランプへのオマージュ作品。大きなシェードと内側の4つのシェードが回転し表情を変える

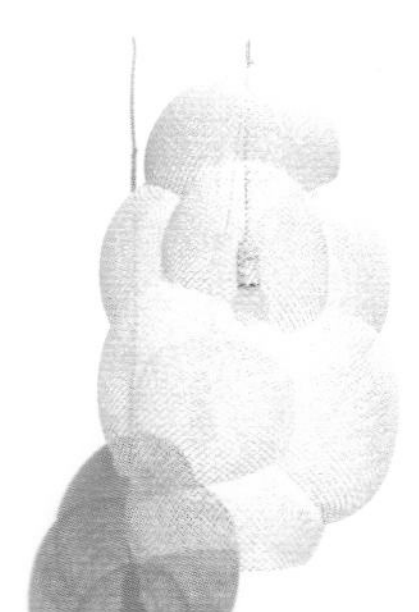

NETTED LAMP
(2005)
複数の風船を漁網で覆い固めたランプ

CLUSTER LIGHTS
(2009)
家庭用マットの反射でLEDの光を増幅

THE RANDOM LIGHT
(1999-02)
風船をガラス繊維で編み上げた初期作

SLATS (2006)
布張りソファを屋外用ベンチへとミニマムにデザイン

THE RANDOM CHAIR (2003)
カーボンファイバーを鋳型で成形した超軽量のチェア

THE SEAMLESS CHAIR (2005)
フェルトを使い、継ぎ目のない張りぐるみ椅子を実現

BALLS (2006)
プラスチックボールが連続する脚をもつ折畳み式テーブル

THE LARGE-FOLDUP
(2002-03)
写真撮影用のリフレクターを転用

THE TENTLAMP
(2001-02)
10mのロッドを折り曲げたランプ

OLD FRUIT: VERSATILE
(2004)
乾燥させた果物をシェードに使用

SLIM OFFICE (2008)

木製の薄いテーブルの内部に鉄板が入っており、マグネットで各部品が取り付けられるオフィス・ユニット

ユルゲン・ベイ

JURGEN BEY

BORN in 1965 / *ATELIER in* ROTTERDAM

CRATE CUPBOARD (2004)

家具の運送用の箱が利用後に破棄されることを惜しみ、アンティーク家具と組み合わせた作品

初期ドローグ・デザインの中心的人物。2002年より建築家のリアネ・マッキンクとスタジオを共同主宰。どこにでもある日用品を組み合わせ、ラッピングをし、新しく生まれ変わらせる手法で知られる。その考え方や働き方は、若いデザイナーに大きなインスピレーションを与えている。

FITNESS FLAT (2008)

オランダの羊から刈られた羊毛やフェルトを使い家具全体に利用。現代的な住空間を提案

KOKON FURNITURE (1999)

中古の家具を伸縮性のあるスキンでラッピングした初期作

MINUTE CROCKERY (2003)

古い陶器の型に伝統タイルのモチーフをのせた

TREE TRUNK BENCH (1999)

1本の丸太の上に三つの異なる表情の背もたれが共存したベンチ

CHANGING THE IDEALS : RE-THINKING THE HOUSE (2008)

オランダ建築博物館での展示。既存のものを組み換え、「暮らし」「働く」の境目を曖昧にする

PROOFF EAR CHAIR (2006)

数脚を並べて周囲からの視線や音を遮るラウンジソファ。プライベートな空間をつくり出す

クリスティン・メンデルツマ

CHRISTIEN MEINDERTSMA

BORN in 1980 / *ATELIER in* ROTTERDAM

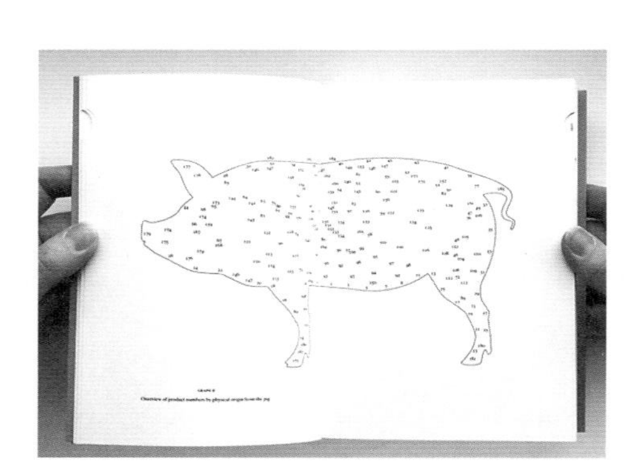

PIG 05049 (2008)

生活の隅々に行きわたる豚製品をリサーチし本にまとめた

ONE SHEEP CARDIGAN (2005)

1頭の羊の毛で編み、由来する羊の写真を添えたニット

URCHIN POUF (2008)

染料に関するリサーチを行い、植物や昆虫に由来する天然染料を使用した羊毛のスツール。羊のタグ付き

2003年、デザインアカデミー・アイントホーヘン卒業。空港で危険と見なされた没収品をリサーチし、1冊の本にまとめたCHECKED BAGGAGEで、「危険」の定義の曖昧さを浮かび上がらせ、一躍有名に。毎回、独自のリサーチにより、見落とされがちな視点を形にする。

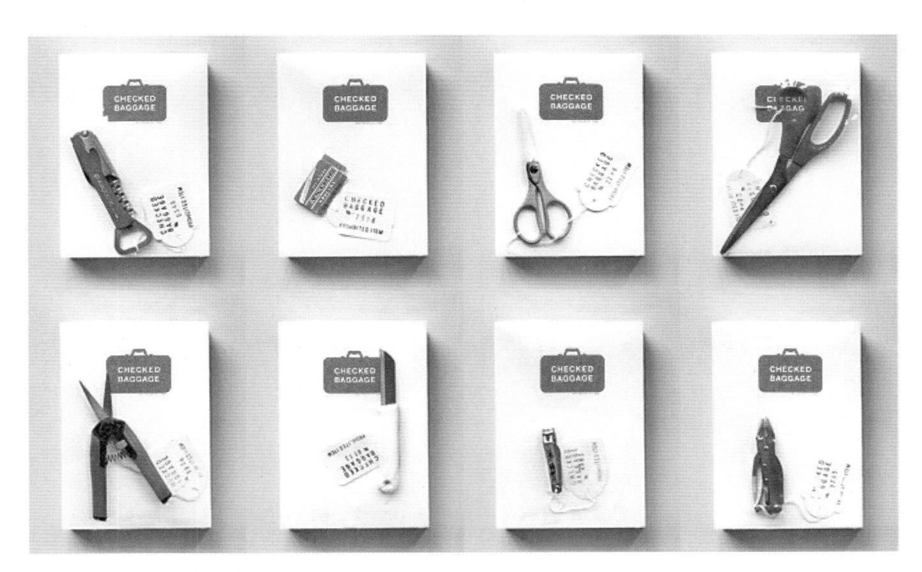

CHECKED BAGGAGE (2003)

スキポール空港の没収品をまとめた卒業制作。本ごとに異なる実物が添付された

FLAX PROJECT (2009)

麻のリサーチの結果制作されたロープやランプの展示

IDAHO (2009)

自然保護団体のための大きなラグ

ストゥディオ・ジョブ

STUDIO JOB

ESTABLISHED in 2000 / *ATELIER in* BREDA

THE GOSPEL : LAST SUPPER DELFTWARE (2009)

宗教画をきっかけに「最後の晩餐」と題し、その世界観を抽象的に再構成。マッカム焼きで仕上げた

1998年にジョブ・スミーツがストゥディオ・ジョブを設立。その後、デザインアカデミー・アイントホーヘンを卒業したばかりのニンケ・テュナゲルが加入。ファンタジーとリアルを行き来する寓話的なモチーフの作品を発表。そのアプローチは他のダッチデザイナーと一線を画す。

BAVARIA (2008)

2008年のデザインマイアミで発表された家具。ベニヤをキャンパスとして象嵌を使い寓話を表現

HOMEWORK (2006-07)

日用品のもつアノニマスな造形をブロンズで骨董的に表現。NYのモスギャラリーのためのシリーズ

THE GOSPEL : THE BIRTH (2009)

2009年のミラノ・サローネで発表したGOSPEL。宗教画のキリスト誕生のシーンを描いたステンドグラス

CANDLE MAN (2002) & **ROCK** (2002)

亀と人のハーフであるCANDLE MANは「独裁者」シリーズより。ROCKはブロンズで岩を表現した作品

VIKING BLOOD STEIN ROOM (2004-05)

バイキング展の内装を斧から連想した血しぶきで覆った

V&R'S SCENOGRAPHY (2009)

V＆Rのショーで使われたスワロフスキの巨大な地球儀

OXIDIZED (2003)

独裁者による世界観をベースに古典の引用とシンボルをミックスさせ、アイロニカルに形を与えた

FARM (2008)

リ・エーデルコート企画のもと農場をテーマにした作品

PAPER CHANDELIER (2005)

MOOOIのために張り子を使い強度を担保した家具作品

SILVERWARE (2007)

イタリアのタイルメーカー、ビザッツアのための作品。シルバーウェアを強大化、モザイクタイルで装飾

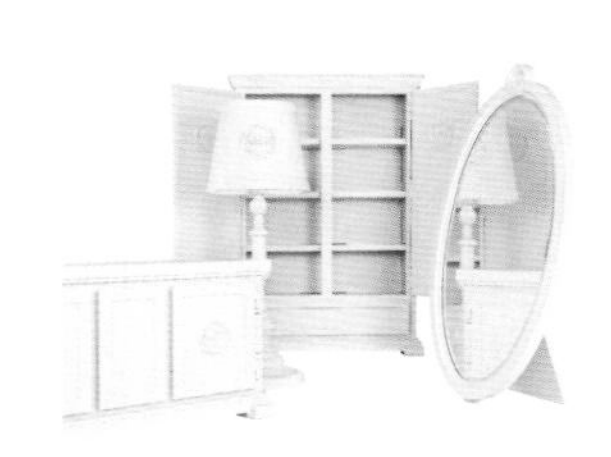

CHARM CHAIN (2001)

ヴィクター＆ロルフ（V＆R）のための鎖状の巨大なネックレス

BISCUIT (2006)

細かなレリーフを古いプレス機で再現した保存用の台座

ROCK : CHAIR (2004)

岩から削りだしたようなヘビーウエイトなブロンズ製の椅子

PAPER FURNITURE (2008)

張り子でつくられたペーパーファーニチャをV&R用にアレンジ

ELEMENTS (2001)

ポリウレタン塗装の初期のポップな作品。あえて用途を不明瞭にした

PERISHED : BENCH (2006)

無駄なものを削ぐメッセージ。骸骨の象嵌が施されたベンチ

PYRAMID (2007-08)

17世紀のフラワーピラミッドを再解釈してデザイン

COMPOSITIONS (2006)

あの世をテーマに神話世界を抽象的に構成したテキスタイル

ROBBER BARON (2006-07)

ピエロの鼻を押し下げると金庫の扉が開くジュエリーボックス

TINWARE (2007)

2008年にトーマス・エイクのディレクションによる「T.E.」から発表されたコレクション

BRAND &LABEL

オランダには、デザイナーの発想を最大限に尊重するブランドが多い。デザイナーも、その環境を背景に高度なクリエイティビティを発揮する。そうして生まれる相乗効果が、世界のデザインシーンを活性化する役目を担っている。

2009年のミラノ・サローネで、T.E.から発表されたクリスティン・メンデルツマの作品

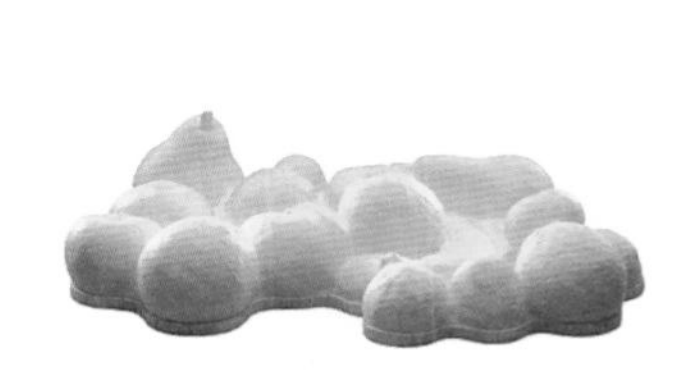

T.E. 60 FRUIT PARTY
www.thomaseyck.com

ショルテン＆バイジングスによるT.E.のリミテッド作品

HORSE LAMP
www.moooi.com

当初、FRONTの作品として発表され、MOOOIが製品化した

1132 MINUTES CAKE SAUCER
www.tichelaar.nl

描きかけの伝統的な柄をデザインとしている。ユルゲン・ベイの作品

キュレーター的視点を備えたブランドが果たす役割とは？

ここ数年、ミラノ・サローネで新作が楽しみなブランドにT.E.がある。興味深いのは、その代表を務めるトーマス・エイクがザイデルゼー・ミュージアムのキュレーターでもあるという事実だ。T.E.のプロダクトも、美術館がアーティストにコミッションワークを依頼するようにしてプロジェクトが進むらしい。

T.E.が起用するデザイナーは1年に1組。2009年は、クリスティン・メンデルツマによるロープや綿を使ったシリーズを発表した。これまでも素材に秘められたものからコンセプトを導き出してきた彼女らしく、特にロープを使った一連のアイテムは、既存のデザインにない素材の用法を見出していた。

過去に起用されたデザイナーにはストゥディオ・ジョブやショルテン＆バイジングスらがおり、素材や技法も幅広い。リミテッド作品も多く、そのスタンスはギャラリーに近いが、あくまでブランドとして活動している。

T.E.がデザイナーのオリジナリティを尊重する点は、モーイやドローグ・デザインにも共通する。ただしこの2ブランドは、デザイナーがあらかじめ発表したものを製品化するケースも多い。T.E.に比べるなら、美術館が既存作品を所蔵していくのに似ている。

もちろんブランドがものづくりに特化していれば、デザイナーもそれをふまえた発想をする。好例はロイヤル・ティヒラー・マッカムだろう。ユルゲン・ベイのテーブルウェアは、ブランドの遺産を現代のデザインに転化して見せた。また、テーブルウェア以外のセラミック製アイテムに取り組むデザイナーも、十分な成果を上げている。

ブランドとデザイナーが動的で双方向的な関係を保つことで、創造性がプロダクトへと昇華されていく。そんなものづくりのありかたは、やはり世界のデザインシーンをリードしているように感じる。

文・土田貴宏（ライター）

ディック・ファン・ホフ

DICK VAN HOFF

ESTABLISHED in 2004 / *ATELIER in* ROTTERDAM

WORK : LAMP, VASE (2007)

オランダの老舗陶器メーカー、マッカムの磁器にオーク材を組み合わせた作品

1996年、アーネム・アカデミー・オブ・アート＆デザイン卒業。1997年にドローグから発表した磁器製のシーリング・ランプで注目をあびる。素材の使い方のコントラストにコンセプトを置き、1点もの制作ではなく、クラフトマンシップとインダストリアル・デザインの融合を図る。

CHAIR PROTOTYPE (2009)

角材を加工せず、金具で留め組み立てた椅子の試作品

GLASS OBJECTS (2008)

宙吹きクリスタルガラスに、木の把手を金具でざっくり留めたテーブルウェア・シリーズ

STONE STOVE (1999)

薪ストーブの素材に石を使い、暖炉を家具的な存在に

モーイ＆マルセル・ワンダース

MOOOI & MARCEL WANDERS

ESTABLISHED in 2001 / *BORN in* 1963 / *OFFICE in* BREDA & AMSTERDAM

HORSE LAMP (2006)

FRONTによる実物大の馬のフロアランプ。動物の形をそのまま引用したリミテッド・エディション

ポリアミド繊維を固めたKNOTTED CHAIRで一躍その名を広めたマルセル・ワンダース。彼を中心に2001年に設立されたレーベルがモーイ。オランダ語で「美しい」を意味する‘MOOI’に、‘O’をさらひとつ加え、乾いたドローグと対照的に、「より美しい」をコンセプトにして生まれた。

BELLA BETTY (2007)

マルセルの手作業で制作されたパーソナル・エディションの巨大ベル。身体と感情の深度を深める試み

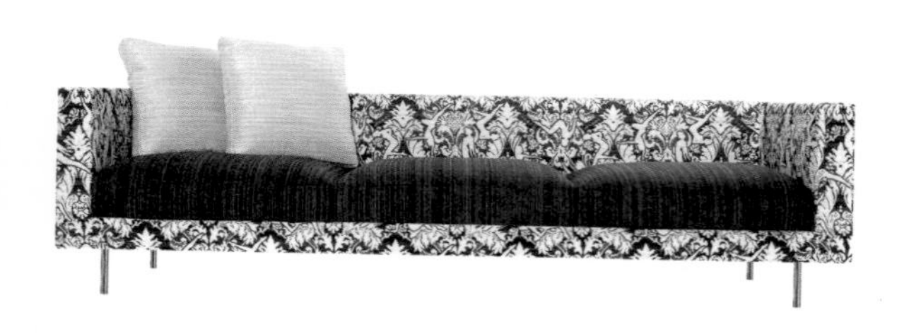

MOOOI GALLERY (2008)

アムステルダムにあるMOOOIのギャラリー内の様子

BOUTIQUE DEAR (2005)

豊富なパーツでカスタマイズすることを徹底したソファ

CORKS (2002)

ジャスパー・モリソンのコルク製のテーブル＆スツール

DEAR INGO (2003)

インゴ・マウラーへのオマージュ。シェードが変化自在。ロン・ギラド作

CROCHET TABLE (2001)

鉤針編みレースをエポキシで固めたコーヒーテーブル。マルセル作

EGG VASE (1997)

コンドームにゆで卵を詰め込んで成形した花瓶。マルセル作

V.I.P. CHAIR (2000)

裾広がりのフェルトカバー。その足元の裏には車輪が。マルセル作

SMOKE CHAIR (2002)

マーティン・バースのSMOKEの量産版。インドネシアで製造

EEROS PUPPY (2007)

エエロ・アアルニオの作品をレースで型取り固めた作品。マルセル作

RAMDOM LIGHT (2001)

バルーンをグラスファイバーで型取ったベルトヤンの初期作品

ZEPPELIN (2005)

'60年代の新素材でまゆのように包んだ照明。マルセル作

PANTHON THROW (2003)

神話をモチーフにした掛け布。ストゥディオ・ジョブ作

KNOTTED CHAIR (1996)

ロープを編んで成形し樹脂で固めたマルセル・ワンダース初期の代表作

HAPPY HOUR CHANDELIER (2005)

ぶらさがる人がシャンパンを配る
シャンデリア。マルセル作

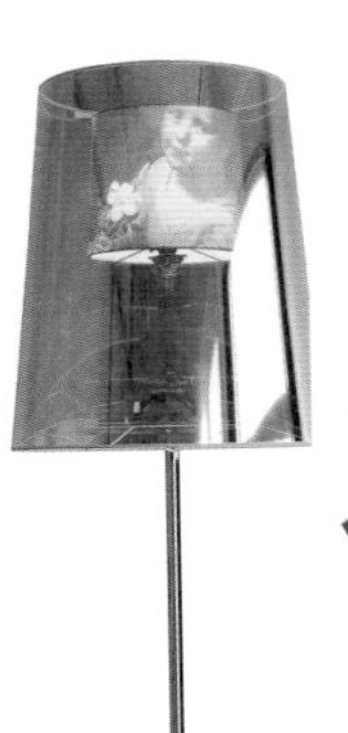

ELEMENTS (2008)

使い道を限定しない彫刻的家具の
ひとつ。ハイメ・アジョン作

LIGHT SHADE SHADE FLOOR LAMP (2008)

明かりを灯すと中のシェードの柄
が浮かぶ。ユルゲン・ベイ作

リチャード・ハッテン

RICHARD HUTTEN

BORN in 1967 / *ATELIER in* ROTTERDAM

CENTRAAL MUSEUM CHAIR (1998)

ユトレヒトのセントラル・ミュージアムのためにデザインされたハイバックチェア

1991年、デザインアカデミー・アイントホーヘン卒業。ドローグの人気デザイナーとして活躍し、建築家との協業も多い。その愛らしくユーモア溢れるデザインは「人を幸せにする」姿勢から生まれるもの。コンセプトが生み出すルールと戯れた結果、生み出される形や働きに関心をもつ。

DOMOOR (2001)

世界中でロングセラーを続ける、ダンボのような2つの耳をもった子ども用のカップ

ATOMES D'AGENT (2007)

フランスの老舗シルバー・メーカーであるクリストフルのためのコレクション作品

BERLAGE (2004)

建築家ベルラーへの古い椅子にバンドを巻きリデザイン

SHIT ON IT (1994)

鉤十字の平面形状の椅子。SITをSHITに読み替えている

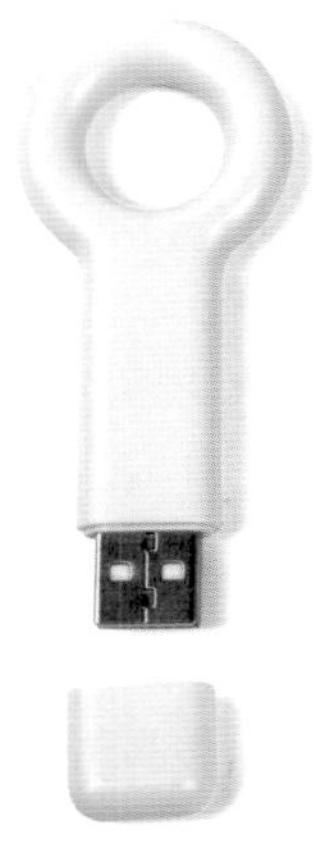

DANDELION (2004)

トレードマークであるループをあしらった、「タンポポ」と名づけられたランプ

LOOP MEMOREY KEY (2008)

紐を通すことでネックレスにもなるUSBメモリー

TABLE CHAIR (1990)

テーブルにもチェアにもなるハッテンの卒業制作

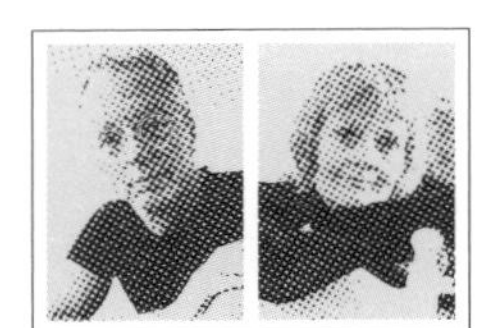

ドローグ・デザイン

DROOG DESIGN

ESTABLISHED in 1993 / OFFICE in AMSTERDAM

85 LAMPS (1993)

85個の電球を束ねたシャンデリア。
ロディ・クラウマンズ作

1993年、ミラノ・サローネで発表を行い、瞬く間に注目をあびたレーベル。当時、混迷を極めたデザイン界を干拓するようなDROOG(乾いた)というネーミングで、以降、アニュアル・コンセプトを立て作品群を発表してきた。'09年、創立者の1人ハイス・バッカーが引退することに。

RAG CHAIR (1991)

古着を15枚重ねて紐で留めたチェア。テヨ・レミ作

CHEST OF DRAWERS (1991/2007)

古い引き出しを重ねたキャビネット。テヨ・レミ作

CHAIR WITH HOLES (1989)

大きさの異なる穴が開く軽量椅子。ハイス・バッカー作

SLOW GROW LAMP (2004)

電球の熱で油が溶け光が広がる。ネクスト・アーキテクツ作

URN VASE (1993)

ポリウレタン製の柔らかい花瓶。ヘラ・ヨンゲリウス作

DO FRAME TAPE (2000)

額縁が簡単につくれるビニルテープ。マルティ・ギセ作

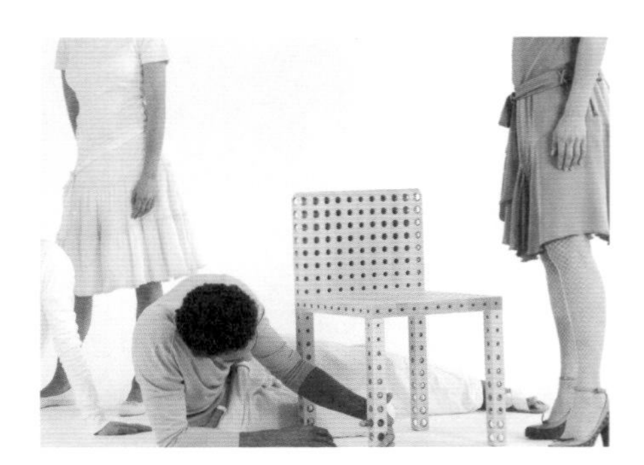

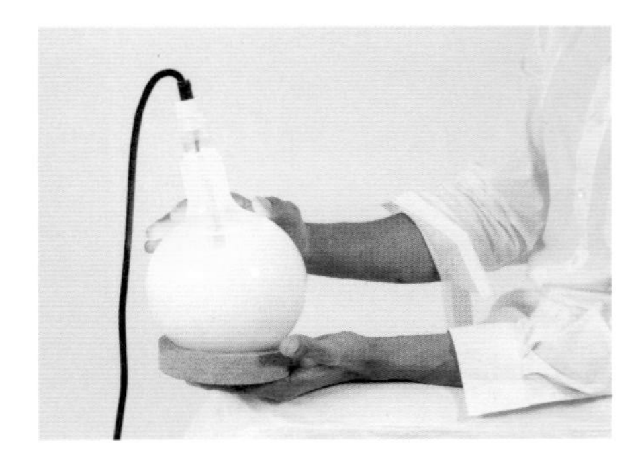

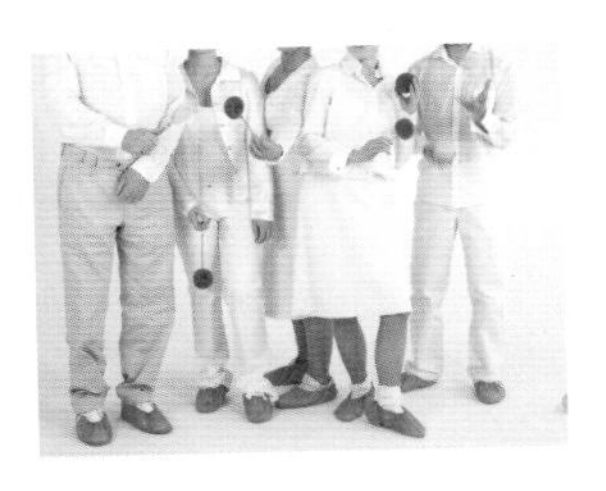

MILK BOTTLE LAMP (1991)

牛乳瓶の形を利用したシーリング・ランプ。テヨ・レミ作

BIRD HOUSE (2000)

磁器の皿を屋根に接着したバードハウス。マルセル・ワンダース作

OPTIC GLASS (1998)

曲面は世界を歪め、手にもフィット。アーノート・フィッサー作

HIPPO MAT (2002)

著作権フリーのピクトグラムを転用したマット。エド・アンニク作

TABLE TAP (2000)

実験用の器具を組み合わせたデキャンタ。アーノート・フィッサー作

DISH MOP (2004)

スポンジに取っ手をつけたディッシュブラシ。ハイス・バッカー作

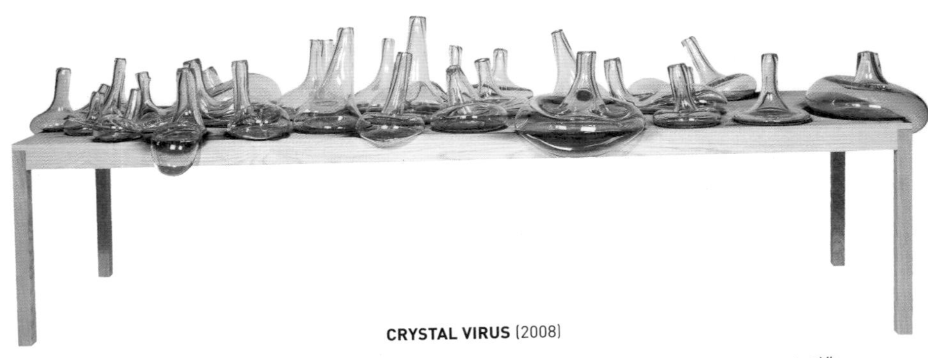

CRYSTAL VIRUS (2008)

熱したクリスタルを木製のテーブルにのせると、花瓶も焦げ跡も独自の表情に。ピエケ・ベルマンズ作

クリス・カベル

CHRIS KABEL

BORN in 1975 / *ATELIER in* ROTTERDAM

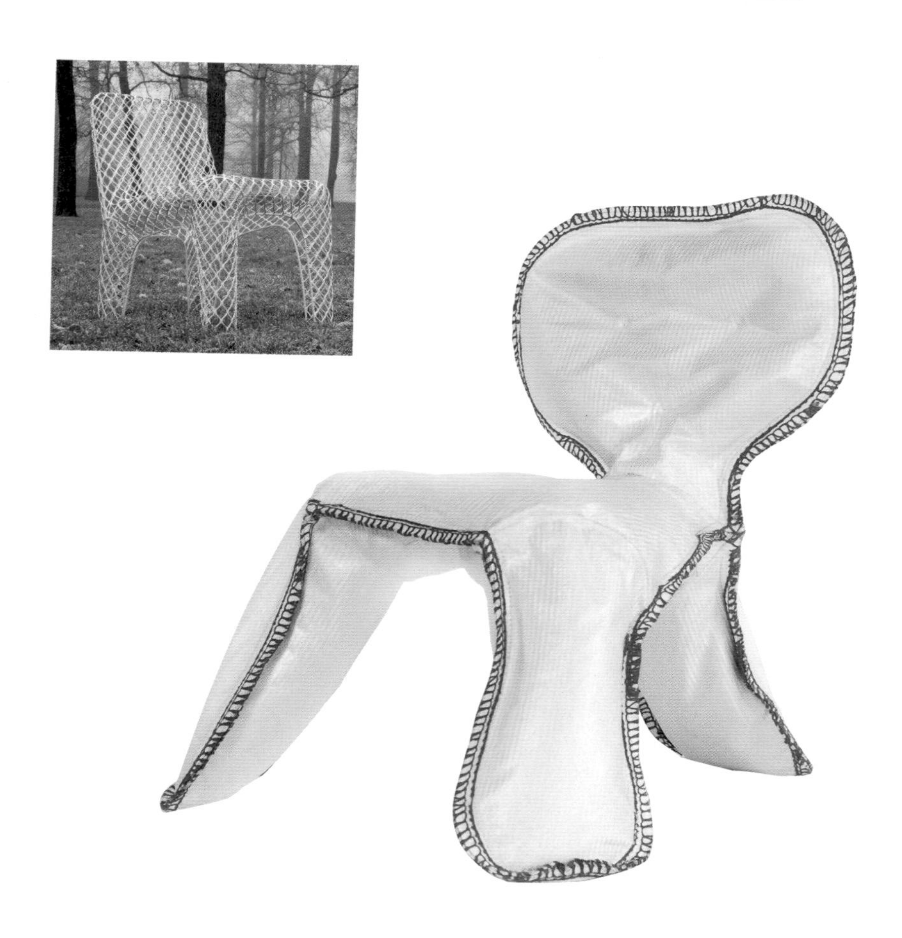

MESH CHAIR (2005)

洋服パターンのように金属メッシュを立体溶接したチェア

SEAM CHAIR (2007)

土嚢袋に砂をつめ、高圧電気で焼き固めたチェア

2002年、デザインアカデミー・アイントホーヘン卒業。卒業制作のパラソルSHADY LACEがドローグに採用される。シンプルで明快なコンセプトを、最新の素材や技術を応用しながら、ミニマムに形づくるという点で、オランダ的なコンセプチュアル・デザインを正統に受け継いでいる。

MONEY VASE (2006)

使用された世界中の硬貨と同じ価格で販売される花瓶

CORAL VASE (2005)

一輪挿しをアーティストの手描きの珊瑚の模様がつなぐ

BIG BLUE FLAME CHANDELIER (2006)

一般的なキャンプ用のガスボンベにブルーが彩色されたシャンデリア。FLAMESの反転パターン

STICKY LAMP (2001)

一般的な白熱電球をプラスチック・カバーのシェードで覆った、ステッカーのようなランプ

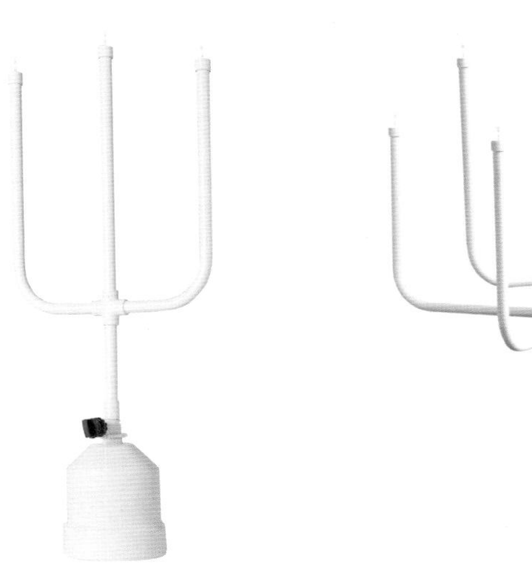

FLAMES (2003)

ガスボンベを使用したキャンドル風のランプ

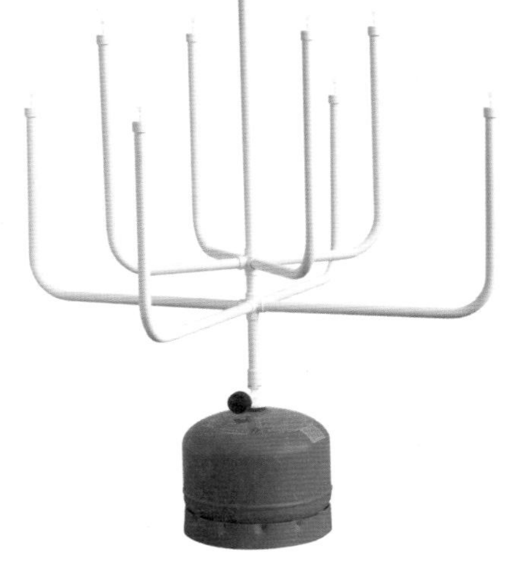

FLAMES 9 PIT (2006)

FLAMESと同シャンデリアの中間的な作品

SHADY LACE (2003)

当時のドローグのコンセプト「ガーデン」と連動した作品。パラソルの中に木漏れ日が生まれる

ヘラ・ヨンゲリウス

HELLA JONGERIUS

BORN in 1963 / ATELIER in UTRECHT & BERLIN (GERMANY)

NATURA DESIGN MAGISTRA : FROG TABLE (2009)

水面に見立てたテーブルから顔を出したカエル。自然と人工の境界を再考し、家具の彫刻的可能性を実験

1993年、デザインアカデミー・アイントホーヘン卒業。初期ドローグにも参加し、以降、ヴィトラ、ニンフェンブルグ、マッカム、イケアなどから作品を発表する。製品化のフローをうまく考慮しながら、時にそれを逆手にとるなど、軽快に職人の技術や手仕事をリミックスする。

ANIMAL BOWLS (2004)

ニンフェンブルグの歴史あるコレクションから動物とボウルを組み合わせ、手工業の魅力を引き出した作品

LONG NECK AND GROOVE BOTTLES (2000)

陶器を鋳型にしガラス瓶の底を成形。テープで留めた

7 POTS 3 CENTURIES 2 MATERIALS (1998)

中世の陶器の断片を、別の古い鋳型を利用して再生

NON TEMPORARY (2005)

磁器とマットな陶器を職人の手仕事で組み合わせた

FOUR SEASONS (2007)

古い陶器人形の頭部を実用性のある品に転用した

BACK PACK SOFA (2007)

ギャラリークレオのためのリミテッドソファ

BLOSSOM (2006)

花が咲くようにシェードが異なる範囲で三方を照らす

IKEA PS PELLE (2009)

イケアのためのタペストリー。北欧の寓話がモチーフ

SHIPPO PLATES (2007)

日本の七宝技術と出合って生まれた銅製のプレート

POLDER SOFA (2005)

干拓地（＝ポルダー）に見立てたソファ。水平垂直のライン、５つの異なる色のクッションで構成

KASESE CHAIR (1999)

ウガンダの古い椅子の形をアレンジした折畳み椅子

OFFICE PETS (2007)

無機質なオフィス空間のための癒しのペット的家具

B-SET (1998)

B級品のもつ、ゆがみや釉のカケを魅力に変えた器

NATURA DESIGN MAGISTRA :
ARTIFICIAL FLOWERS (2009)

自然の花を人工物として彫刻的に再構成した作品

プラットフォーム21

PLATFORM21

ESTABLISHED in 2006 / *PLATFORM in* AMSTERDAM

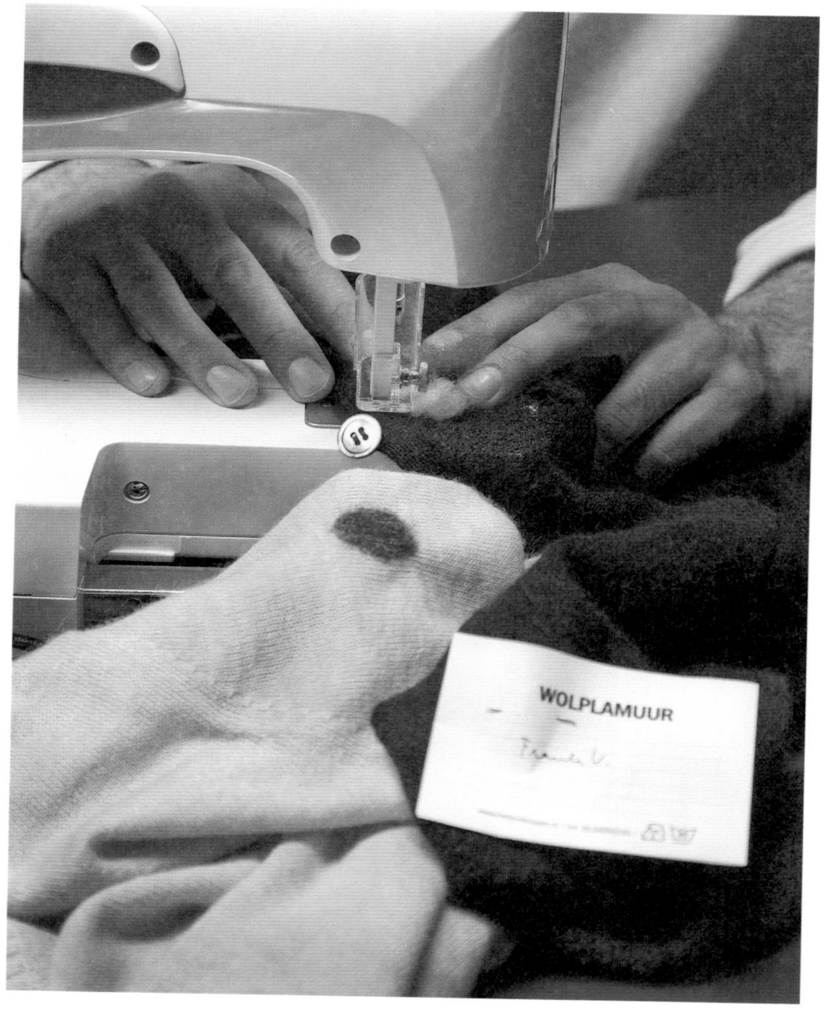

REPAIRING : WOOLFILLER (2009)

リペア・プロジェクトのひとつ。洋服を上手に修復して、長く着こなす方法を学ぶワークショップ

著名デザイナーの作品をコレクションするミュージアムとは異なり、デザイナーのクリエイティブなエッセンスを一般の人々に広げるワークショップ、レクチャー、イベントを行うデザイン・プラットフォーム。2009年に活動を休止。専門家を揃える研究所、SUPERMAKERを構想中。

HACKING IKEA : SIMULACRA (2008)

イケアの製品を自分なりにリデザインするコンテスト。ヘラのIKEAベースを使い、彼女の別の作品を模した

REPAIRING : BISONKINTSUGI (2009)

金継ぎを使い、割れたプレートを修繕する方法を共有

REPAIRING : LEGO (2009)

レゴブロックで街の破損を修復していくワークショップ

PEOPLE &PLACE

オランダに限らずショップやギャラリーは、
いまや単なる製品や作品発表の場ではなく、そこを訪れる
人の交流の場となり、かつての雑誌やウェブサイトに近い情報交換の
場所になっている。「場がもつ魅力」という視点から、
オランダを代表するショップ＆デザイン・ギャラリーを３つご紹介。

VIVIDでのヤン・ブロークストラによる「コールド・フィッシュ・レストラン」。ベルトヤン・ポットの姿も。2003年

FROZEN FOUNTAIN
www.frozenfountain.nl

店先での談話風景。右端は若手の注目株、ヨーリス・ラールマン

VIVID GALLERY
www.vividvormgeving.nl

ギャラリーでのヘラ・ヨンゲリウス展のオープニング風景

DROOG AT HOME
www.droog.com

マルセル、リチャード、ユルゲン・ベイによるクリスマス・パーティ

デザインを軸に人と人とが交差する空間

オランダデザインのユニークさは、そのかたちだけにとどまらない。ショップやデザイン・ギャラリーの存在がこの国の独創的なデザインが生まれる一つの背景としてあり、人びとが出会うコミュニケーションの空間として機能する点に僕は注目している。

まずはアムステルダムにある'ドローグ・デザイン'と'フローズン・ファウンテン'。ドローグは昨年、創設者の1人であるハイス・バッカーが経営の一線から退いたものの、デザインレーベルとしてポストモダンのリ・デザインともいえる製品を発表、80年代前半に登場したメンフィス以降トピックスのなかったデザイン界のなかで93年以降、まったく新しい流れをつくった。

フローズン・ファウンテンもドローグと同じように、デザイナーと関係を密にもちながらショップの枠をはみ出し、作家の活動をサポートするメーカー的な役割を担ってきたショップ。それはオーナーを務めるコック・デ・ローイ氏の人柄によるところが大きいと聞く。自国の美術学校ともコンタクトをとりながら新しい才能の発掘にも意欲的だ。

ロッテルダムには、僕がもっとも注目するデザイン・ギャラリー 'VIVID GALLERY' がある。ここではオランダのデザイナーを筆頭に、国外の活躍するデザイナーによるエキシビションやワークショップを企画。年に6回開催されるエキシビションのオープニング・パーティには、この国で活動するデザイナーやアーティストが集い、さながらオランダデザイン界の「サロン」となる。「気鋭」のギャラリーがもつ独特の敷居の高さとは裏腹に、良い意味での親密さがあり、この場所の大きな魅力となっている。

デザインがもつ魅力とは単なる見た目の美しさではなく、人と人、物と人とを結ぶ関係性全体だとつねづね僕は思っている。実はそれはオランダのショップやギャラリーが教えてくれたことでもある。

文・加藤孝司（ライター）

ヨーリス・ラールマン

JORIS LAARMAN

BORN in 1979 / *ATELIER in* AMSTERDAM

IVY (2003)

つないで増やせるクライミング用ホールド・パターン

BONE CHAIR (2007)

アルゴリズムで骨の組成のように生成したアルミチェア

2003年、デザインアカデミー・アイントホーヘン卒業。ドローグとラジエーターメーカーとの協業で制作されたHEATWAVEは、意匠が表面積を増加せる機能的な作品であり、彼の代表作となった。車のデザインに使われるソフトウェアを利用したBONE CHIARも評価が高い。

HEATWAVE (2003)

意匠性が機能性を兼ねるラジエーター。モジュール式に組み合わせてサイズや表面積を増やせる

BONE CHAISE LOUNGE (2006)

BONE CHAIRのシステムで異なる素材のシェーズを生成

LIMITED (2003)

花瓶の形態を段階的に抽象化していく実験的な作品

ピート・ヘイン・イーク

PIET HEIN EEK

BORN in 1967 / *FACTORY in* GELDROP

1990年、デザインアカデミー・アイントホーヘン卒業。1993年、ノブ・リュジグロークとともにファクトリーを設立し、デザイン、制作、販売のフローを包括的に取り扱ってきた。廃材を再生した作品が代表作で、自然素材からストーリーやコンセプトを引き出すのを得意とする。

SCRAPWOOD FURNITURE
(1989-)

廃材を再加工してつくる家具は卒業制作としてつくられて以降、さまざまなバリエーションを生んだ。ホワイト塗装は近作

GO-KART ALUMINIUM (2001)

アルミの素材感がたっぷりの、シンプルなゴーカート

TREETRUNK CHILD'S TABLE & CHAIR (2001)

木材に加工せず、切り株の素材感を生かした子ども家具

CERAMIC COFFEE CUP (2005)

薄い生地をたたんで、溶接するように留めた繊細なカップ

BEECH-BARK CABINET (2001)

ブナの角材を積み上げ樹皮をラフに剥いだキャビネット

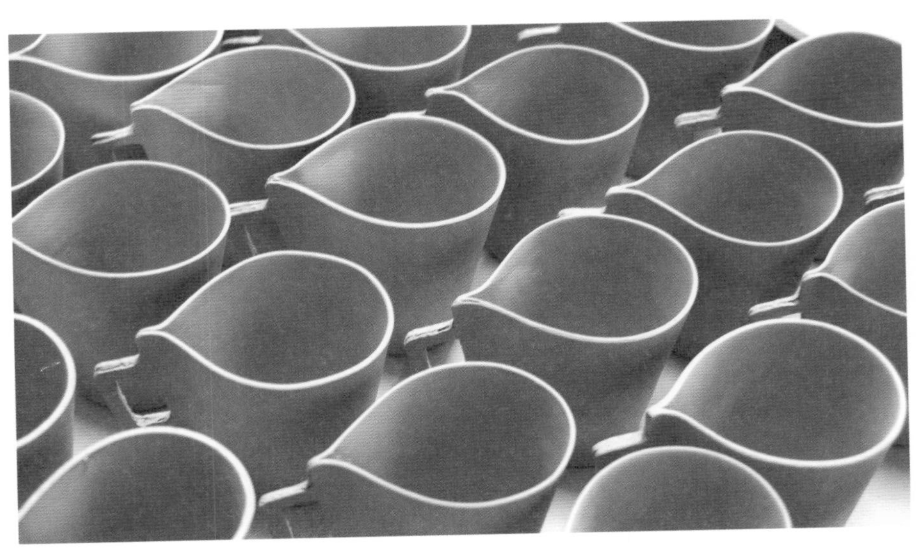

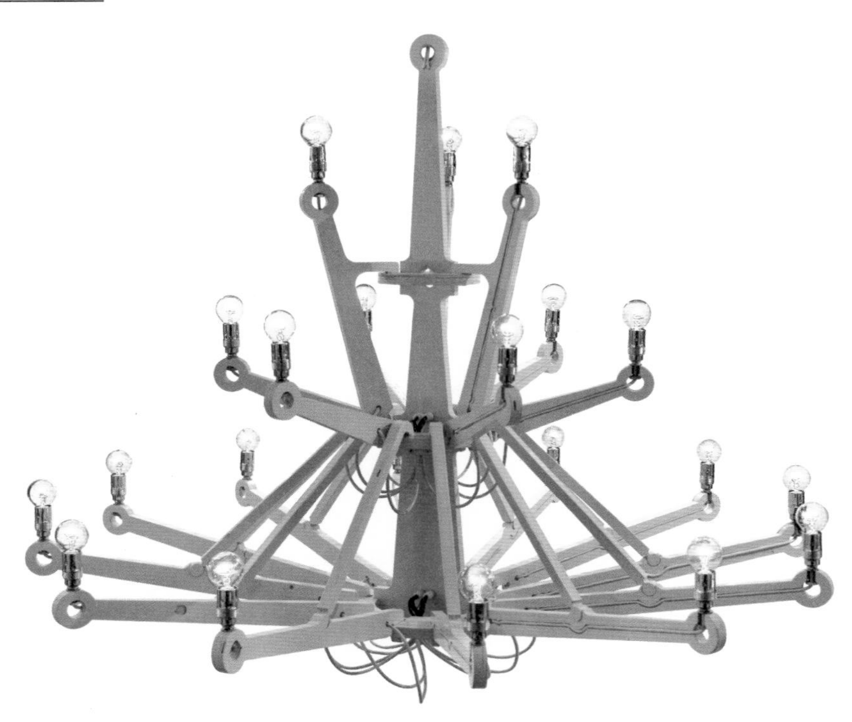

CHANDELIER IN PLYWOOD (2008)

家具を制作する際に出るプライウッドの端材を利用し、数種類のパーツで組み立てるシャンデリア

CRISIS CUSHION SOFA (2006)

簡易的な機材を使い、古いマシンの限定的な技術でつくるシリーズ。ビンテージのファブリックを組み合わせた

TREE-HOUSE (1999)

スチールの断片を溶接して制作したツリーハウス

WELDED ARMCHAIR (2002)

スチール溶接のマッシブな存在感のアームチェア

GARDEN-HOUSE 'TUINHUIS' (1998)

フローニンゲン美術館のために制作されたガーデンハウス

TABLE TENNIS TABLE
(2009)

マホガニーとアッシュ材のピンポン台兼テーブル

DOOR CUPBOARDS (1986)

廃棄寸前だった病院のボイラー室のメタル製ドアを再利用したカップボード

DOOR CUPBOARDS (1990)

船で使われていた木製のドアをカップボードの扉として再解釈した作品

ウィエキ・ソマーズ

WIEKI SOMERS

BORN in 1976 / *ATELIER in* ROTTERDAM

BELLFLOWER (2007)

LEDの配線コードを航空産業で使われる三次元編み上げ機によって、一体成型したランプ

2000年、デザインアカデミー・アイントホーヘン卒業。「THINKING HANDS, SPEAKING THINGS」と評されるソマーズは、日常生活にある古いものを見つめ直し、インダストリアルな技術をアートの視点で応用。ユーザーのイマジネーションをかき立てるをストーリーを吹き込む。

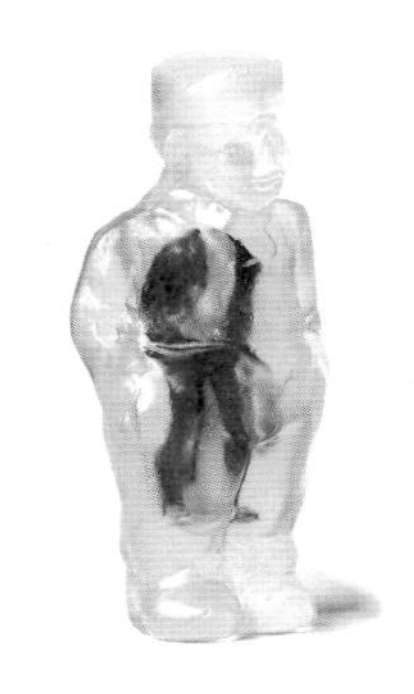

BATH BOAT (2005)

ボートが浮かぶ水を内側に入れてみたらバスタブとなった

DUTCH SOUVENIRS (2003)

使うにつれ、古さから新しさへとモチーフが変化する石鹸

DEPARTED GLORY (2007)

断片からの想像で修復した花瓶

BLOSSOMS (2004)

枝を広げるように生成した花瓶

HIGH TEA POT (2003)

豚の頭蓋骨を模したティーポット

マーティン・バース

MAARTEN BAAS

BORN in 1978 / *ATELIER in* 'S-HERTOGENBOSCH

SMOKE (2004) **: GERRIT RIETVELD'S REDBLUE** (1918)

NYのモスギャラリーで発表された、25の名作家具を燃やした作品。写真はリートフェルトのチェア

2002年、デザインアカデミー・アイントホーヘン卒業。バースは実験場のようなジャンクなファクトリーで制作を行い、その広大なスペースの利を生かし、手作業でさまざまな材料の加工を手がける。結果、コンセプトに物質的な存在感が与えられ、1点1点表情の違う作品が生まれている。

CLAY FURNITURE (2006)

金属の骨格の上に、着色した特殊な工業用粘土をぬり重ねた作品。危うさと安定感のアンビバレンス

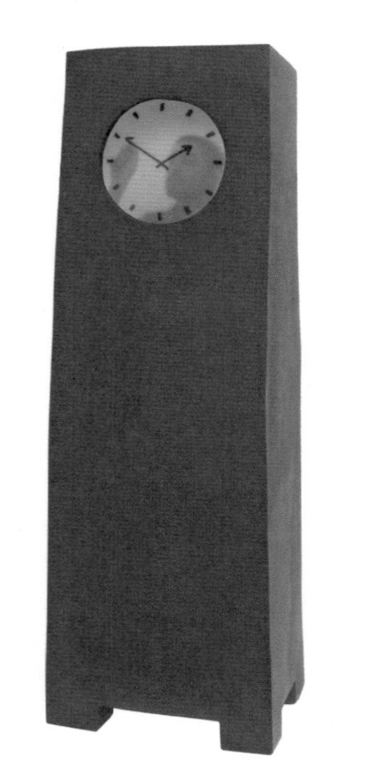

SCULPT : CUPBOARD (2007)

フリーハンドスケッチをラフなまま原寸大にした家具

STANDARD UNIQUE (2009)

SCULPTの考え方をもとに量産用にアレンジしたチェア

THE CHANKLEY BORE (2008)

エスタブリッシュ＆ザ・サンズのためのプロトタイプ

REAL TIME : GRANDFATHER CLOCK (2009)

リアルに「時」を描く人のムービーが流れる柱時計

HEY, CHAIR, BE A BOOKSHELF (2005)

集めた古い椅子を積み重ねて本棚に転用。ポリエステルで接合し、周囲をポリウレタンで塗装している

テッド・ノートン

TED NOTEN

BORN in 1956 / *ATELIER in* AMSTERDAM

LADY K 4/7 BAG, PRADA (2007)

近所で手に入れた銃に金メッキを施し、アクリルに封じ込め、ブランドバッグをのせたハンドバッグ

看護師として働いた後、放浪を経て、マーストリヒトの応用芸術アカデミー、リートフェルト・アカデミーを卒業。アクリルの中にネズミや昆虫、魚、ラグジュアリーブランドのバッグや銃などを封じ込めた一連のアクセサリーが代表作。どの作品もアイロニーをユーモアでくるんで表現。

MERCEDEZ BENZ BROOCHES FOR DFF AWARDS (2008)

メルセデスベンツの車体1台をレーザーカットマシンでアクセサリーに分解し、イベント来場者に配布した

TURBO PRINCESS (1995)

真珠のネックレスをした本物のネズミが封印された作品

TED WALK : LUIS VUITTON BAG (2008)

アクリルで封をされた使えないルイ・ヴィトンのバッグ

ICE NECKLACE (2007)

異なるモチーフを封印したアクリルボールのネックレス

A TIARA FOR MAXIMA (2002)

ヘルメットから切り取ってつくられたティアラと王冠

GOLDEN PILE (2004)

日用品に金メッキを施し、宝の山に見立てたジュエリー

HAUNTED BY 36 WOMEN : ICECREAM GIRL BRACELETS
(2009)

空想の女性の持ち物をイメージし、ラピッドプロトタイピングで出力したジュエリー。右はヒールとタイヤを組み合わせたリング

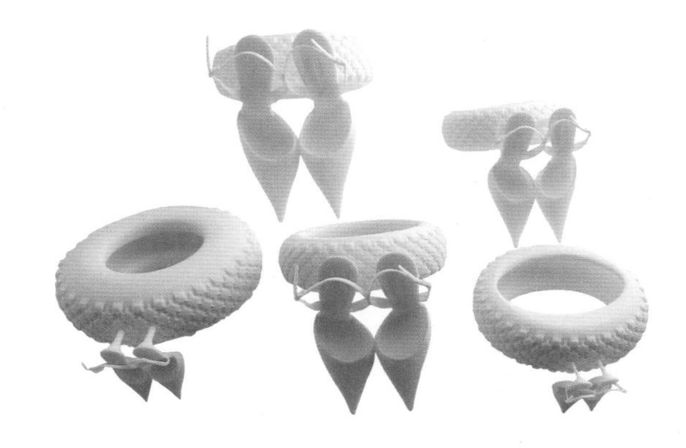

MUSE GOLD (2009)
MUSE, ORIGINAL (2009)

ミューズのアッサンブラージュをリングに

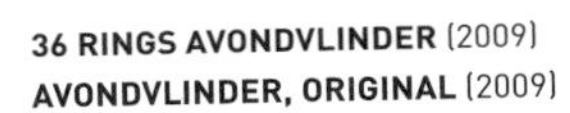

36 RINGS AVONDVLINDER (2009)
AVONDVLINDER, ORIGINAL (2009)

豚とタイヤの組み合わせをリングに変換した

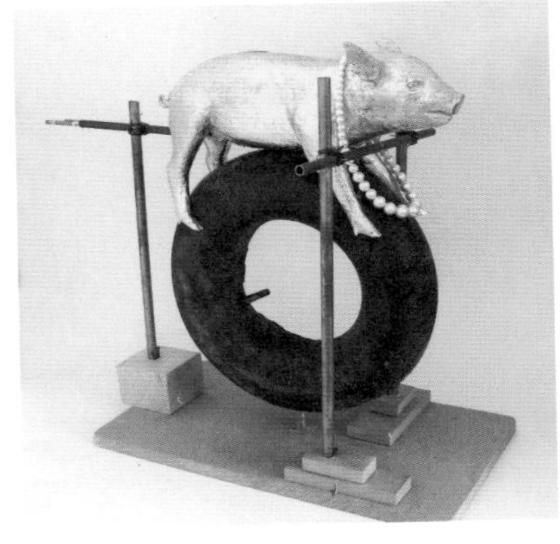

デマーカスファン

DEMAKERSVAN

ESTABLISHED in 2004 / ATELIER in ROTTERDAM

LACE FENCE (2004)

無機質なワイヤーフェンスを手工芸に近い手編みにより、見慣れた景色をがらりと変えた

ヨープ＆イェルーンの兄弟と、ユディット・デ・グラウの３人からなるデザインユニット。ともに2005年、デザインアカデミー・アイントフォーフェンを卒業。ユニット以外にも、独自の活動にも精力的。3次元加工によるテーブル「CINDERELLA」は、MOMAのパーマネントコレクション

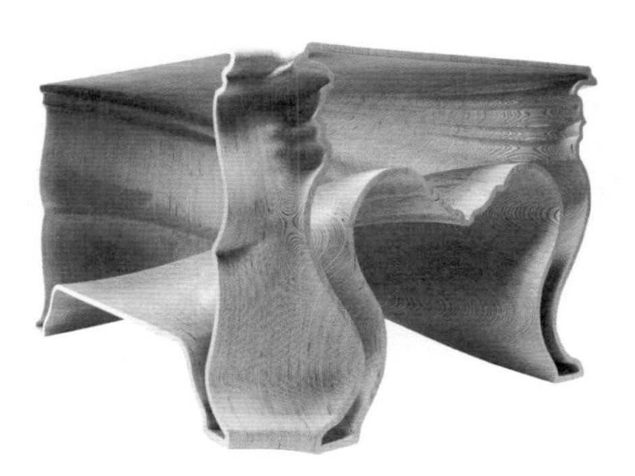

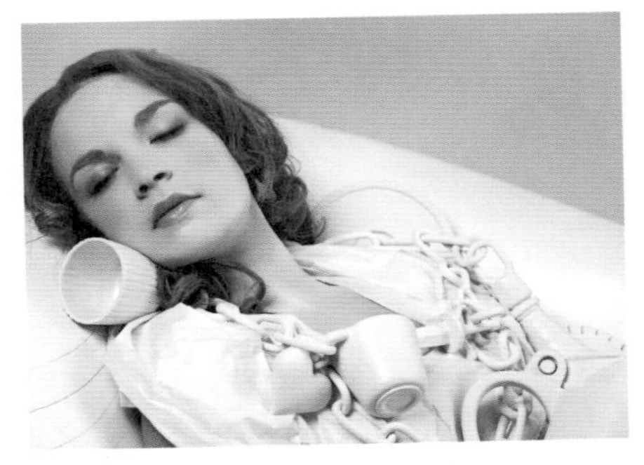

CINDERELLA (2004)

57層のバーチ材合板を三次元的に機械で削り出した

LOST & FOUND STOOL (2004)

靴を縫う工業ミシンで縫い合わせたレザースツール

LUCKY CHARMS (2007)

陶器のテーブルウェアをネックレスに仕立てた作品

LIGHT WIND (2006)

風力発電を利用した街灯。配線不要のインフラフリー

+/PLUS

FELIEKE VAN DER LEEST (Born in 1968)
Atelier in NORWAY

動物モチーフでジュエリーをオブジェ的にデザインする

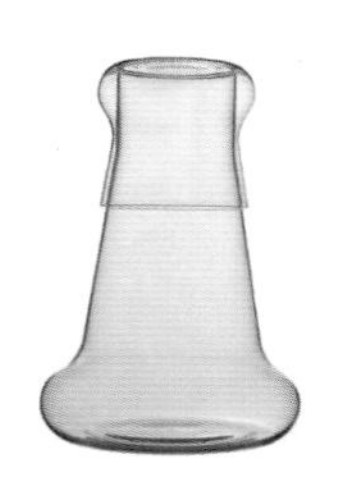
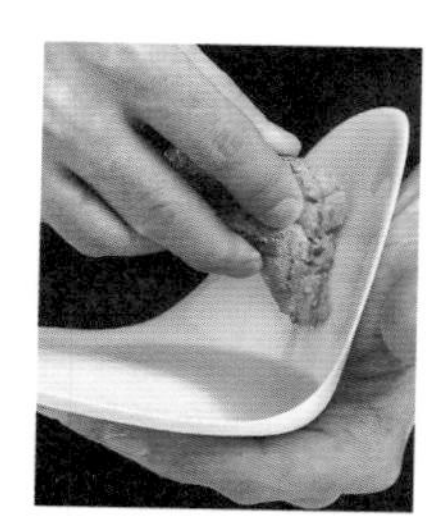

ALDO BAKKER (Born in 1971)
Atelier in AMSTERDAM

ハイス・バッカーの息子で、物質的な繊細さが際立つ

CLAUDY JONGSTRA (Born in 1963)
Atelier in SPANNUM

天然の染料と素材にこだわるファブリック・デザイナー

ED ANNINK (Born in 1956)
Atelier in THE HAGUE

'80年代に活動を開始した初期ドローグを代表する一人

VIKTOR & ROLF (Established in 1993)
Atelier in AMSTERDAM

独自のラインのほかH&Mなどにも作品を提供するデュオ

TJEP. (Established in 2001)
Atelier in AMSTERDAM

マクロの緻密な造形を空間的にも応用するデュオ

カタログパートでカバーできなかったダッチ・デザイナーをここで紹介。
歴史的にみて外せないデザイナーに加え、国外に活躍の場を移した人物、
ファッションやジュエリーのフィールドを舞台に活躍する人物も含めた。

TORD BOONTJE (Born in 1968)
Atelier in FRANCE

花や草柄の切り絵ランプが代表作。RCAのディレクター

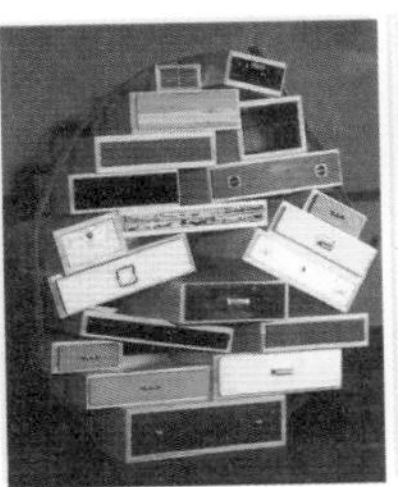

TEJO REMY (Born in 1960)
Atelier in UTRECHT

既製品の記憶を組み換え作品化。初期ドローグの一人

KIKI VAN EIJK (Established in 2001)
Atelier in EINDHOVEN

オランダ的「かわいさ・かっこよさ」を表現するデュオ

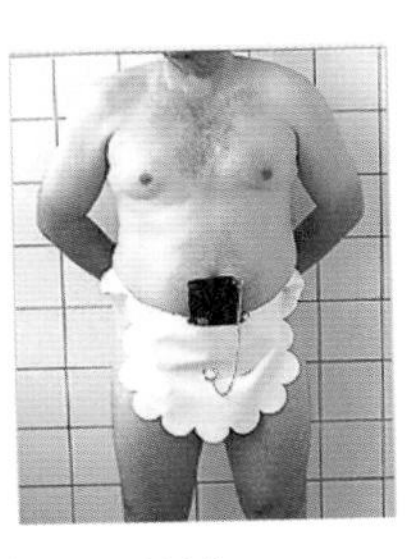

INEKE HANS (Born in 1966)
Atelier in ARNHEM

アイロニーの先にユーモアを生み出す女性デザイナー

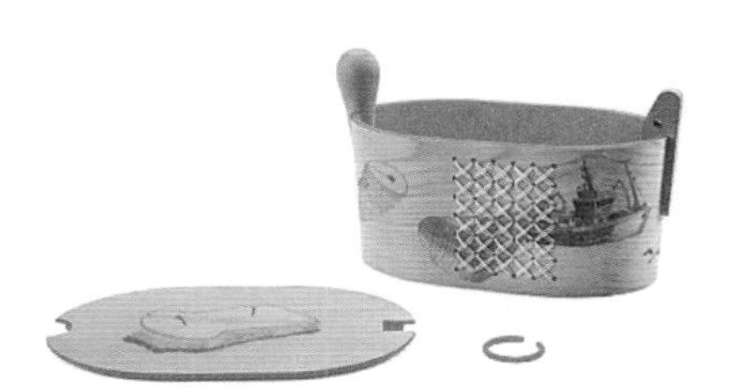

SCHOLTEN BAIJINGS (E.2000)
Atelier in NORWAY

色彩の実験とミニマルな造形感覚を融合するデュオ

ALEXANDER VAN SLOBBE (Born in 1959)
Atelier in AMSTERDAM

ファッション・ブランド 'SO' をかつて日本でも展開

'VORMGEVING'

VORMGEVING IS AN OLD DUTCH WORD LITERALLY RENDERED AS "FORM-GIVING" IN ENGLISH. LIKE A CRAZY QUILT OF FRAGMENTS OF AIR THAT WAFT OVER TIME, VORMGEVING INDICATES THE PROCESS OF GIVING PHYSICAL FORM. "VORMGEVING," IN A BROADER SENSE, REPRESENTS "DESIGN" IN THE ORIGINAL DUTCH.

NOWADAYS, HOWEVER, THE MEANING OF "FORM" IS UNDERGOING METAMORPHOSIS. JUST AS NATURE AND THE UNIVERSE ARE IN PERPETUAL FLUX, MAN-MADE CREATIONS ARE ALSO WITHOUT FIXED CONTOUR OR LINEATION. AS IF WORKING IN HARMONY WITH THIS, THE CONTOURS OF TODAY'S DESIGN SEEM TO FLUCTUATE AND BECOME BLURRED AROUND THE EDGES.

SO WHERE IS THE FOCUS OF ALL THIS?
CONCEPTUAL DESIGN HAS SLOWLY SPREAD FROM THE NETHERLANDS FOR MORE THAN A DECADE. THIS METHOD OF DESIGN PLACES "CONCEPT" AT THE CENTER OF AN EVER-CHANGING "FORM." THE CONTOURS OF THE "FORM" ARE NOT FIXED IN A PHYSICAL SENSE; RATHER, THE DESIGN IS A SEED, LIKE THAT OF AN AUTOGENOUS PLANT, WRIGGLING AROUND INSIDE AS THE DRIVING FORCE OF FORM.

IF THE GODS INITIALLY BEQUEATHED FORM TO THE WORLD, WE HUMANS CONTINUALLY LEARN FROM NATURE AS WE UNDERTAKE OUR OWN VERSIONS OF "FORM." THE DUTCH, WITH THEIR HISTORY OF CREATING AND PRESERVING RECLAIMED LAND FROM FLUID GROUND, HAVE TAUGHT US HOW TO WORK WITH THE UNCERTAINTIES OF OUR INDEFINITE WORLD.

THIS METHOD OF CREATING A SEED, FOSTERING IT AND RELEASING IT INTO THE WORLD, RATHER THAN DELIVERING A SOLIDIFIED IDEA, ALLOWS US TO REPLACE THE INCOMPLETENESS OF A DESIGN WITH A RELATED "OPEN FORM" AND HAS REVEALED A VITAL LINK BETWEEN A MYRIAD OF ENVIRONMENTS AND PEOPLE.

"FORM" IS NO LONGER SHAPED BY THE HAND OF A SINGLE PERSON. RATHER, IT BECOMES AN OPEN SHAPE, A SHARED SEED, A QUESTION MARK IF YOU WILL, TO BE COLLECTIVELY CONSIDERED IN THE REAL WORLD. THIS NEW "FORM" HAS THE HIDDEN POTENTIAL TO TRANSFORM THE EXISTING RECIPIENT INTO THE CREATOR.

CONSIDER THE RENOWNED VERMEER, WHO GAVE FORM TO LIGHT ITSELF. IN THE SAME MANNER, THE DUTCH ARCHITECTS AND DESIGNERS OF TODAY MAY FOLLOW SUIT, FINDING THEIR OWN WAYS OF FINESSING "FORM."

CHIHIRO ICHINOSE,
A PHOTOGRAPHER VISITED AND SHOT THEM.

VORMGEVING

THINKING & MAKING OF

PIET HEIN EEK

B-4

3
EASYPLEX
EASYPLEX

14
ALBEMA · ROBEMA

6.
Bonda
WOOD FILL
TACK FREE
SUPER SMOOTH
EASY SANDING
REDWOOD
SYSTEM
REISSER
4.0 x 30

halfvolle
melk
Hela
Curry
Kruiden
Ketchup
Original
800 ml / 930 g
JOHN WEST
TONIJNSTUKKEN

Cruesli
melk

for
on the wall is ral 9002,
and ral 7037 is used for
the floor, for the closet &
doors we used ral 1013,
so thank you histor! the
items in the room are from
a bright new dou
ble bed, a cupboard that
covers the television and
two night tables called
tête à tête stools. the
bed lights: daylight lamps
are solar lamps - to charge
turn upside down, with the
cute snowplough
course warm thanks to all
the other peolpe who have
worked on this room project
florianne & marjan not to
forget gerrit for his patience,
guys who tiled the
room and the other friendly
people from mosa, lloyd ho
tel & elle wonen: thanks!

DER KREATIVE FAKTOR
NACHTBOOT
KATE DICAMILLO

POEZIEZOMER 2008 WATOU
BOUWEN VOOR DE NEXT GENERATION
NAi Uitgevers
EVA HESSE
NUNO GONÇALVES by Reynaldo dos Santos
LA TAUROMAQUIA AND THE BULLS OF BORDEAUX
PHAIDON
Virgil Grotfeldt
HELMUT FEDERLE
MORELLET
Albert Marquet
NERY

RIJKS MUSEUM
amsterdam

VORMGEVING
THINKING & MAKING OF
MVRDV

8
10
MVRDV

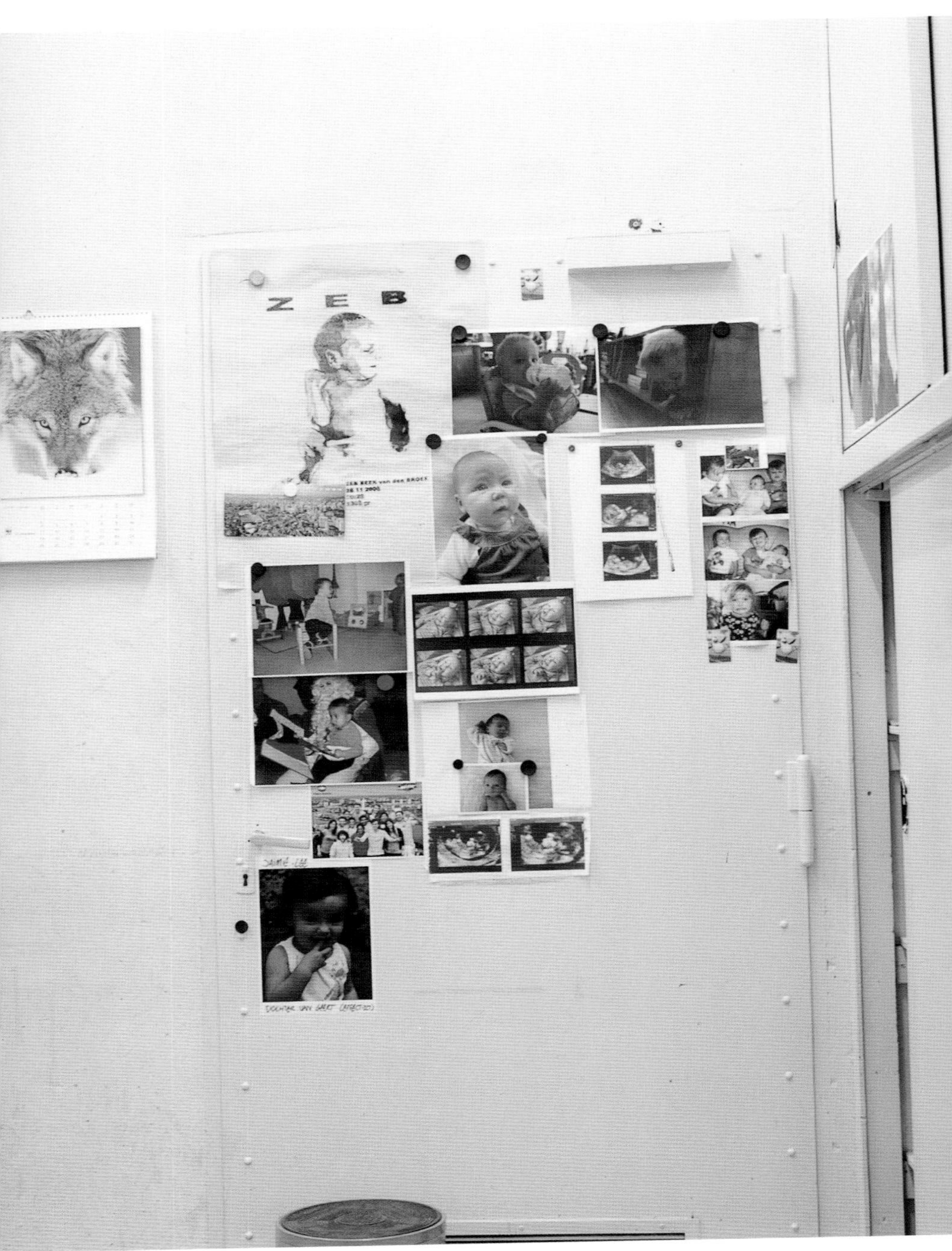
Z E B

VERLEGUNG BUSGARAGE

THE CHINESE DREAM

t?f
Factory

‘VORMGEVING’

‘VORMGEVING’ とは、古いオランダ語です。英語にすると ‘FORM-GIVING’。
時代に漂う空気の断片を寄せ集め、物質的に「かたちを与える」こと。
それがかつてのオランダ語の「デザイン」の広義の意味でした。

しかし、現代では「かたち」の意味は変化しています。
うつろう自然や世界を前にして、人によってつくられるものもまた、
輪郭が固定されない「かたち」が生まれています。
それに呼応するかのように、デザインの輪郭自体も揺らいでいるのが現代です。

では、その輪郭の中心は、どこにあるのでしょうか。
[illegible]年、オランダを中心に広がったコンセプチュアル・デザインとは、
うつろう「かたち」の中心にコンセプトを置くひとつの方法でした。
それは物質的に「かたち」の輪郭を固定するのではなく、その内部でうごめく、
自己生成する植物の種子のようなものを「かたちの原動力」としてデザインすることです。

世界に形を与えたのが神であるならば、過去現在にいたるまで、
自然にそのあり方を倣いながら、私たちは世界を「かたち」づくってきました。
常に固定化されない土地自体を干拓によってつくりあげ、
維持してきたオランダ人が見せてくれるのは、
自然のように不確かなものを不確かなままに、人の手で「かたち」を与えるという方法です。

固定化されたアイデアを引き渡すのではなく、種子をつくり、育て、
世に放つこのようなあり方は、不完全さを、関係性の開かれた形に置き換えることであり、
様々な環境や人との関係の結び方を見せてくれます。

誰かひとりが「かたち」のつくり手になるのではなく、
より開かれた形で人々と「課題」という名の種を共有し、リアルな場で、ともに考えていくこと。それは既存の受け手がつくり手になる可能性をも秘めているのです。

かのフェルメールは、光に形を与えたということもできます。
はたして現代のオランダの建築家やデザイナーは、いったい何を受け止め
「かたち」を与えているのでしょうか。

写真　一之瀬ちひろ

READINGS

PRODUCT

INTERVIEW
PIET HEIN EEK /EEK & RUIJGROK BV

CONCEPT
SMOKE FURNITURE
CHEST OF DRAWERS
HACKING IKEA
HAUNTED BY 36 WOMEN

QUESTION
1. WHAT IS THE 'CONCEPT'
OF YOUR DESIGN METHOD?
2. HOW DO YOU DEFINE
THE WORD 'CONCEPTUAL'?

POINT OF VIEW
USE THE DUTCH

INTERVIEW

PIET HEIN EEK /EEK & RUIJGROK BV

P.066,090

"IT'S IMPORTANT TO ME THAT PEOPLE UNDERSTAND HOW AND WHY THINGS ARE MADE, SHOWING MY PRODUCTION LINE IS AN EXPANSION OF THAT IDEA."

INTERVIEW & TEXT_ KIYOMI YUI

スクラップウッド・ファニチャで一世を風靡したピート・ヘイン・イーク。ものづくりの川上から川下まで押さえ、考えるところからフィニッシュまでを工房で一手に引き受ける。あくまで家内制手工業的な体制で、手間をデザインとしてかたちにするその手法は、クラフトとデザインの融合をうまく成立させる。新しい工房を構想する現在、インタビューによって彼の立ち位置を再確認した。

――いわゆる「ダッチデザイン」というと、「アイデア」と「コンセプト」が極端に際だつ印象が強いですが、あなたの作品は強いクラフト性でやや違ったポジションを取っていたような気がします。ご自身ではどのように感じていますか？

PHE：確かに自分の存在は、いわゆる一世を風靡した近年の「ダッチデザイン」の中では異質だと感じていました。近代の素材革命は、よりアイデアを重視するデザインを生み出しましたが、特にこの20年ほどのオランダのデザインは、究極の「アイデア文化」へと展開しました。しかし僕はもっと「モノをどう生産するか」を重視しています。なぜなら僕の作品にとって、素材や製作工程、そしてディテールは、プロダクトの全体像と等しく重要だから。遡れば、建築家であり家具デザイナーでもあった、かのリートフェルトも素材をインスピレーション源にしたデザイナーであり、当時はそのようなアプローチが一般的でした。最近になって、また自分で生産するデザイナーは増え始めています。

――小さな部品にいたるまでご自分の工房でつくっていると聞きましたが？

PHE：その通りです。ネジから蝶番、ドアノブまでですべて自分たちでつくっています。

UNITY OF IDEA & THE DETAIL

―― あなたの作品の中では、構造とディテールに特別な魅力を感じますが、それらは制作プロセスのどの段階で考えていますか？
PhE：僕はプロダクトのアイデアが浮かぶ時、全体の見た目と同時に素材やディテール、構造が見えるんです。網膜にパッと焼き付くようにね。つまりそれらはプロダクトの全体像と共に出現し、最も初期の段階からトータルでデザインされる。ディテールとアイデアとは一体のものなのです。
―― ディテールがアイデアと一体であるということを顕著に表す一例を挙げていただけますか？
PHE：自然の中からとってきたそのままの素材で家具をつくることをコンセプトにした、切り株の椅子は好い例です。それを「材木」にするのではなく、「木」であったことがはっきりわかるように最小限に加工した板を、ただ水平垂直に組み立てただけの端的な作品（P.125）。素材が内包する物語をダイレクトに表現するために、まさしく「ただ垂直に組み立てただけ」に見えるような極めてシンプルな方法でパーツを接合したかった。そのために非常に特殊なネジの接合方法をデザインしています。
―― 全体像があって「これはどうやって組み立てればよいか」と後で悩んだりすることはないでしょうか？
PHE：そうやってつくった経験は思い出せないですね（笑）。もちろん失敗はたくさんしているし、その度に賢くなる。しかし僕の場合は自分でつくることが大前提にあるので、アイデアがクリアに表現できて、生産コストもリーズナブル、そしてコレクションにマッチする作品をつくり続けるには、このような発想は不可欠だと思います。
―― デビュー作の「スクラップウッド・キャビネット」を制作した時はどのように考えていましたか？ 当時はまだ今のように大きなプロダクションラインもコレクションもありませんでした。
PHE：スケールの差はあるにしても、まったく同じ考えをもっていました。そう考えて作品をつくることが僕の原点であり、ステートメントなのです。スクラップウッド・キャビネットは卒業制作だったので、タダ同然の廃材を使いました。学校にあった機械でプロダクトがつくれるなんて理想的なことでした。しかし当時も、この作品をシリーズでつくることを重要な前提のひとつにしていました。100個とか、必要であれば1,000個といった感じで。その上でどのようなフォルムであるべきかを考え、同時にディテールと製作工程をデザインした。だから切れ端まで有効利用できるように、廃材を固定するフレームをつくる時には、なるべく個々の板を短く使うようにデザインして、扉の部分は全体の強度が増すように、短辺方向に水平に板を並べました。こんな風に素材を起点にしてプラグマティックに展開させていくのが僕の作風です。
―― ステートメントとおっしゃいましたが、具体的にどのようなメッセージでしょうか？
PHE：僕は、それまでのオランダのデザイン市場とその消費者にオルタナティブを提案したと考えています。それまでデザイナーたちは、既存の生産工程に依存せざるを得ず、彼らがアイデアを出して、それを賃金の安い国で大量生産してきました。特に型にはまらない新しい作品をつくりたければ「オランダ国内で生産しては高価になりすぎて売れない」と、デザイン市場全体が考えていたものです。ですが僕は、賢い工程も作品の延長として同時に「デザイン」するべきだと考えていたし、そうすることでデザイナー自身が「メーカー」になれると証明しました。同時に古い材料を使い、どのようにつくったかがひと目でわかるほどシンプルなプロダクトにも「美」と「機能性」があることを提言してきました。その一連の考えは、「新品の、ラグジュアリーなプロダクトを愛でる」という、「完璧なプロダクト」を崇拝する既存の風潮や価値観に真っ向から対抗するものでありながらも、多くの人々が僕の作品を評価してくれました。この一連のストーリーが僕のデザインのステートメントだと言えると思います。
── ピート・ヘイン・イークと言うと、みな真っ先に「スクラップウッド・ファーニチャ」を思い浮かべますが、メタルやガラス、テキスタイルなど他の素材でもユニークな作品が多いですね。それらの素材はどのような基準で選んでいますか？
PHE：ひと目で何かわかる身近な素材を選んでいます。そしてその素材とプロダクトとの予想外な組み合わせや、シンプルな製作工程を軸にデザインしていきます。僕は常にコレクションを充実させるべく制作を続けてきましたが、いろいろな素材のプロダクトがあることで、コレクションにバリエーションが生まれています。このような「コレクションのデザイン」やマーケティングも、僕にとっては「デザイナーの仕事」になるんです。

MANUAL MANUFACTURING

── あなたには、「クラフトマン」というイメージがとても強くありますが、あなたにとってのクラフトとは何でしょうか？
PHE：クラフトというと、みないわゆる工芸的な意味合いの「手仕事」を思い浮かべますが、僕が考えるクラフトはもっと別のものです。すべての職業にクラフトはあります。デザイナーの仕事を広く定義している僕には、必要なクラフトも多様です。制作だけでなくマーケティングや会社運営にもクラフトが必要だ、という具合にね。生産ラインのことで言えば、昔ながらの手仕事では量産ができません。僕は上手に機械や最新技術を導入することによって、ある程度の量産を可能にする手作業のラインを編み出しました。それは「新時代のクラフト」と言えると思います。
── 総面積11,000㎡の新しい職場には、ショールームやショップ、ギャラリーも併設され、訪れた人たちは製造工程を見られるようになっていますね。
PHE：ショールームがあり、そこで完成したプロダクトを見る傍らで、それらが工房でどのようにつくられているかを窓越しに見ることができます。僕が製図を引いている姿も、時には見られるはず。昔は自分で金槌やノコギリを握っていましたが、工房も成長していまでは40人の職人たちが僕のアイデアを形にしています。我ながら、それは本当に特別なことだと思うし、みんなが働いている光景は印象的な眺めだと思います。
── そのようなプロセスを見せることは重要だと感じていますか？
PHE：そう強く感じています。僕のプロダクト自体も素材は何で、どのように組み立てられているかがひと目でわかる透明さが特徴です。制作プロセスも見せるということは、そのコンセプトを拡張することと同義なのです。僕の制作にとって、誰が、どのようにつくっているかもエッセンシャルなことですからね。僕の仕事場ではアイデアが誕生してから売り場に並ぶまでの全プロセスを体験できます。これは商業ベースのアノニマスなプロダクトに抗議をする意味もあるんです。消費者は、誕生からの経歴をまったく知らないまま、店頭で唐突にプロダクトを目にする。唯一知っていることは、どのブランドのものであるかということだけです。そのようなプロダクトが市場の9割以上を占めているわけですが、僕はプロダクトに個性や物語を求めます。だから見た目とブランド名だけで消費者とコミュニケートしようとするアノニマスなあり方には賛同できないんです。
── 制作工程を見せることで、使い手の意識にどんな変化がおこると思いますか？
PHE：ものづくりの現場には、プロダクトがなぜこのような姿に完成していくかというストーリーが詰まっています。よりトータルなストーリーを知ることによってプロダクトへの認識は深まり、より身近に感じることができるでしょう。そして制作哲学やブランディングも含めた全工程が、僕の作品であることが明解になると思います。どれだけの手間がかかっているかを知ることで、なぜこの値段でなければならないかということもね（笑）。このようにプロセスを見せることができるような仕事場をもてるなんて、とて

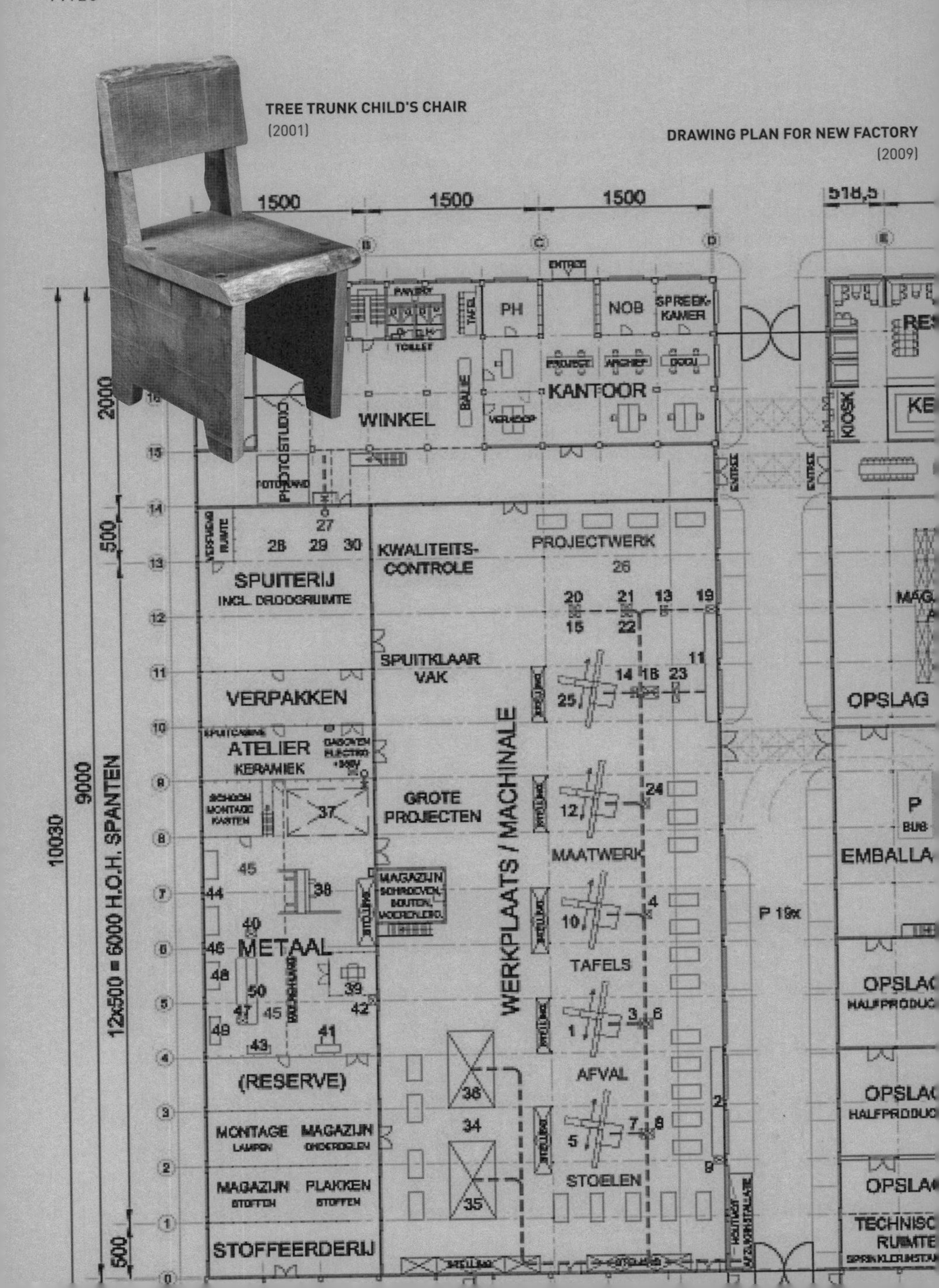

TREE TRUNK CHILD'S CHAIR
(2001)

DRAWING PLAN FOR NEW FACTORY
(2009)

も幸運なことだと思っています。
―― アノニマスなプロダクトには同意できないとのことですが、あなたもおっしゃる通り世の中はアノニマスなものばかりです。その中でも気に入って使っているものはありますか？その理由は何ですか？
PHE：たとえば、10年以上前に購入した製図台は気に入っています。同じものをふたつ買って、ひとつは家で使っています。僕はいまでも鉛筆で製図を引いているから、これは日々愛用しているもの。昔フィリップス社で使われていたもので、とにかく堅牢。このような工業製品のディテールには、うまく機能させるために考え抜かれたフォルムがあります。ジョイント部分や、全体の重量のバランスなどを見ても、最善を求めて「どうつくるべきか？」と徹底的に追求し抜いたつくり手の「意図」が存在している。そのような意図によって、ネジ1つ、蝶番1つという小さなパーツまでもが存在感を放ち、毅然と輝いていて美しいと思います。気に入っているプロダクトは、と聞かれたら、そんな理由からいくつかの工業製品が浮かびます。
―― ところで、プロセスを重視するあなたのアプローチや、独自のプロダクトラインをもっているということから、量産と並行してさまざまなオーダーにも柔軟に対応できるのでは？
PHE：その通りです。オーダーほどやりがいのあるものはない。僕は、単にプロダクトをデザインすることだけにはあまり興味を感じません。問題を解決したり、何かをオーガナイズしたりというより大きなプロジェクトの中の一部としてプロダクトデザインを位置づけています。オーダーは、そのような側面がとても強いので興味深いと思います。プロセスとしては、クライアントと同一のビジョンがもてるようになるまでじっくりと話をします。彼らのストーリーをしっかりと理解し、その問題を解決し、意向を形にしていく。そしてクライアントが「こうなる以外にはあり得なかった」と思えるような、自然なロジックをもつものをつくることが僕にとってのチャレンジです。しかし最近では、このような特別プロジェクトは、全体の仕事量の2割程度に抑えています。プロダクトラインに相当な負担がかかりますからね。

DESIGN AS A NARRATIVE

―― 今までに一番やりがいのあったプロジェクトは何ですか？
PHE：交通事故で亡くなった9歳の少年の両親からの依頼でつくったキャビネット（P.127）です。この夫妻は息子の死後、何年も扉を開けることすらできなかった子供部屋を片付けようと決意した。僕への依頼は、その部屋にあったすべてのものを永遠にしまっておくためのキャビネットをつくってほしいというものでした。そ

< AFTER THE INTERVIEW >

すでに世界的に名が知れるデザイナーとなっていたピート・ヘイン・イークに初めてインタビューをした時、スクラップ・ウッド・ファーニチャの成功の後に、彼がとてもアンハッピーな日々を過ごしていたことを話してくれた。「注文をこなすために家具をつくり続けていた。昨日も今日も、そして明日も材木を切って組み立てる。工房につくと気持ちがブルーになっていたよ」と苦笑していた。いまでこそ、ピートのように自分で生産するデザイナーは増え、ある程度のノウハウもできあがっているに違いないけれど、時代の流れに逆行してこのやり方を通していたピートは、前例もなく試行錯誤の中手探りでそれを実現した。そんな彼にとって「自分で生産することを可能にする」とは、「デザイナーとして存在し続けることを可能にする」ことでもあったはずだ。彼を見ていると、「デザイナー」という職名は、優れた造形力とアイデアをもつだけでなく、それを継続して実現していける力をもつ人のことを指すのだと実感する。

れは夫妻にとって重要な儀式であり、僕はデザイナーとしてそこに立ち会うことを許され、その象徴をデザインする機会を授けられたのです。デザイナーとして最高の栄誉だと思っています。

―― それは本当に意味深い特別なプロジェクトですね。その時の制作プロセスを教えていただけますか？

PHE：まず夫妻と共に、少年の部屋にあったすべてのものを見ました。いつも森で遊んでいたような自然を愛する子どもだったから、部屋には貝殻や木の枝もたくさんあった。キャビネットの素材には、彼がよく遊んでいた森の木を選びました。プロダクトをつくる目的と素材は同じ物語を共有するべきだと考える僕にとって、これはロジカルな選択でした。

―― どのように素材を収集しましたか？

PHE：少年の家族と一緒に行きました。これも非常にロジカルで自然な選択です。僕は、制作プロセスのＡからＺまでがロジカルであり、ストーリーが貫かれることを重視しています。素材はどこから来たか。それをどのような方法で加工してプロダクトにするか。こうして綴られるストーリーを、使い手の元までどう届けるのか。だから、家族みんなで素材を採集しに行くプロセスはこのプロジェクトの中ではエッセンシャルなことで、不可欠だと感じました。

―― あなたの作風、手法だからこそ巡り合えたプロジェクトという感じがしますね。

CABINET FOR JAN (2000)

PHE：実は非常に光栄なことに、この夫妻からはその数年後に、もう一度仕事の依頼を受けているのです。2度目は「新しい家を購入し改築するので、その際に取り外す屋根裏の窓でキャビネットをつくってほしい」というものでした。前回のキャビネットが「喪明け」の象徴だとしたら、今回は「人生再スタート」の象徴だったと言えます。永く使うプロダクトには使い手の人生が刻まれていきますが、これほどまでに人の心に寄り添う作品をつくる機会を、どれだけのデザイナーがもつことができるでしょう？僕は本当に幸運なデザイナーだと思います。

あれほどの大御所だけれど、ピートはプレスに対してもパーソナルな対応をしてくれる珍しいデザイナーのひとりだ。インタビューの依頼をすると、「テーマに興味がないからその取材は受けられない」とか、「それはグッドアイデア。ぜひ協力したい」といったように用件だけの短い言葉で、はっきりと答えてくれる。しかも必ず自分で。そんな姿勢は、「仕事場をみんなに見せたい」と語る部分にも繋がると思う。プロダクトと同様、ＰＲやブランディングもパーソナルなのだ。私は決して、人柄がよいからよい作品が生まれると信じているわけではない。しかし事故で亡くなった少年の遺品をしまうキャビネットをつくったり、その両親の人生再スタートの象徴となるような家具を作る機会は、そう簡単に他のデザイナーには巡って来ず、そこにピートという人間の「あり方」が作用していたのは事実だ。ピート自身も「デザイナー冥利に尽きる特別なプロジェクト」と呼ぶこの２つのキャビネットの話は、「究極のプロダクトのあり方」として私のこころに深く刻み込まれている。

（ユイキヨミ）

P.076

CONCEPT OF BY **MAARTEN BAAS** (2004)

SMOKE FURNITURE

マーティン・バースは、2002年のデザインアカデミー・アイントホーヘンの卒業制作展のために、「SMOKEファーニチャ」を制作。

当時、バースは、よく使い込まれた家具の古びた感じや傷が、家具に新しい、そして彼自身にとってより面白い質感を与えるという点に興味をもっていた。

この効果を実現するために、椅子を水に浸したり、傷つけたり、高い建物から投げ落とすなどの実験を行った。そんな試行錯誤の中で、椅子を燃やすことが完全に新しいクオリティを与えることと発見した。

卒業制作展のために、彼はインターネットのオークションサイトで購入した中古のバロック様式のシリーズ品や、安いIKEAの椅子やテーブルのシリーズを燃やし、作品とした。木材は、予想できない方法で炭化し、もっともシンプルに、ランダムで装飾的な風格が生まれた。バースはエポキシ樹脂の層をいくつも重ねることで、もろい炭の表面を損なわないようにしており、その樹脂の層はラッカーのような美しい光沢となる。

彼の作品はまもなく、マルセル・ワンダースが主宰するオランダのメーカーMOOOIの目に留まり、椅子やシャンデリアが製造された。これらはいまではインドネシアで職人が最初にオリジナル製品を複製し、燃やされ、製造されている。

そのほか、ヘリット・リートフェルト、チャールズ＆レイ・イームズ、チャールズ・レニー・マッキントッシュ、イサム・ノグチ、エットレ・ソットサス、カンパーナ・ブラザーズ、トーネットなどの名作あるいは、アンティークのデザインを燃やした１点限りの作品を制作しており、これらは主に美術館に所蔵されている。

➔ P.046

CONCEPT OF BY **TEJO REMY** (1991)

CHEST OF DRAWERS

「CHEST OF DRAWERS」は、いわゆる「整理ダンス」の意。テオ・レミは、この既成の言葉に、"YOU CAN'T LAY DOWN YOUR MEMORY"というメッセージを付け加えた。記憶に寄り添ってはいられない。しかし単に古い記憶に光をあてるだけではない。

どの家庭にもある古い引き出し。それらを寄せ集め、枠を新調し、ランダムに積み上げ、バンドで留める。そうして生まれ変わった整理ダンス。各引き出しは取り替えが可能で、所有者の意思に応じて、部分的に取り除いたり付け足したりできる。その形は所有者によって変化し、同じものは2つとない。

古ぼけた引き出しは、単に見た目がよいという審美的な性質ではなく、組み合わせの美しさで選ばれている。個別の引き出しの見え方はまるでばらばらだが、彼のセレクトによって、不揃いな引き出しがそれぞれの個性を魅力的に放っている。

「CHEST OF DRAWERS」は、形がなく、常に未完成である。ここで、モノと人との関係は、作品と鑑賞者ではなく、また商品とユーザーという関係でもない。使う人が、つくることに参加できる不完全さをもちながらも、同時に開かれたもの。レミーは、既存の言葉を再定義するように、既存の引き出しの形をうまく引用しながら、整理ダンスの自体を定義し直した。

1991年、この作品の発表時に「私は抵抗する。デザインをしたくない」とレミは語っている。この言葉と本作品のメッセージを比べてみると、それまでのデザインの世界に行き渡っていた、テイストやスタイル、形式の原理に根ざしたデザインを組み替え、抵抗しようとするメッセージとも読み取れる。引き出しの個性は、それぞれが背負っている過去の記憶の違いでもある。

彼がDROOGからこの作品を発表していることもまた、前時代までのややこしい湿った行き場のない空気に対する抵抗だったように見える。「CHEST OF DRAWERS」のシンプルな操作は、つくりこまない、考えすぎないという点で、まさにドライ（＝DROOG）である。

「ロビンソン・クルーソーが無人島に楽園をつくったように、自分に対抗するものから自分自身の楽園がつくられる」(テオ・レミ)。「CHEST OF DRAWERS」は、「RAG CHAIR」や「MILK BOTTLE LAMP」とあわせて3つのプロダクトで成立している。

P.060

CONCEPT OF BY **PLATFORM21** (2008)

HACKING IKEA

ハックすること、それはシステムに自分の個性を注入することである。PLATFORM21は「HACKING IKEA」の中で、組立式のIKEAの製品を個人的なデザインへと変更して自分のものにすることを勧めている。そこに存在するのはひとつのルールだけ「説明書は無視せよ」

「HACKING IKEA」は、既存のIKEA製品の本来の機能やデザインに対する変更である。ハックのやり方の指示は、ブログやネットの小さなコミュニティなどオンライン上で世界中に広まる現象となった。なかには、キャビネットをキッチンのサイズに合わせる方法や、テーブルを小さく変える方法といった、家庭向けの実用的な解決策もたくさんある。参加するのも比較的簡単だ。ノコギリやペンキの刷毛を手にすれば、もう半分参加しているようなもの。これらの中には、いくつかクリエイティブで素晴らしいものが存在する。それらのささやかな天才の技が、個人の関わりと独特な質感をさらにレベルアップさせようというインスピレーションをPLATFORM21に与えた。PLATFORM21は、20人のデザイナーやアーティストに新しいハックを制作するよう依頼し、一般向けにIKEAハッカー・コンテストを開始した。その結果、驚くほど多様な作品が、世界中から集まった。

とても好意的な反応からそうでもないものまで、IKEAは多大な感情的な反応を引き起こすまでに成長した。IKEAは消費者に非常に優しく感じのよい店舗であると同時に、グローバル化された大衆文化の象徴でもある。いくつかは、ハックするという性質のなかで密かに批判が行われているかにみえる。オランダ人アーティストヘルムト・スミッツは、第二次世界大戦中に人々は家具を燃やして暖をとったという話からインスピレーションを受けた。「FLAMMA」のために、彼は原始人になった気持ちでIKEAにおもむき、そこで見つけた商品を使って火をおこした。また別のハッカーであるサンダー・ファン・ビュッセルは、IKEAの性を感じさせないイメージに対して、1人セックスベッドと婦人科用診察椅子を制作した。IKEAの極度に非個性的な家具が、もっとも私的で個人的な活動の場となった。最終的には1カ月で150点以上のハック作品が制作された。そのほとんどが一般の参加者のもの。この盛況は、HACKING IKEAというコンセプトが、クリエイティブなデザイン・プロセスへの積極的な参加が明らかに必要とされることを示している。アムステルダムだけに限らず、世界中の文化的なイニシアチブに広く受け入れられ、イベントが開かれている。

世界中で人々はIKEAをハッキングしている。彼らの精神や姿勢によって、プロもアマチュアのデザイナーたちも、いつ、どうして、どのようにデザインがつくられたかというルールや生活における目的を変更する。IKEAという特定の象徴とシステムに自分たちの個性を注入することで、システムが自分たちにやらせようとすることを拒んでいる。

TEXT BY ARNE HENDRIK / CREATIVE DIRECTOR OF PLATFORM21

→ P.080

CONCEPT OF BY TED NOTEN (2009)

HAUNTED BY 36 WOMEN

テッド・ノートンによるジュエリー・プロジェクト「HAUNTED BY 36 WOMEN」は、女性の持ち物を組み合わせ三次元プリンタによってアクセサリーとするプロジェクトである。

このコンセプトによって、ノートンは自身のキャリアの中で初めて、自分が関わってきたすべての領域を意図的に組み合わせることに成功した。リングやブレスレットなどのアクセサリーを、デザイン、ヴィジュアル・アートや応用美術のアッサンブラージュなどを用いて、並列的に表現している。ノートンはこれをオートクチュールラインと呼ぶ。

その組み合わせは、具体的な人物ではなく、ある典型的な女性のイメージをベースに考えられている。ノートンがモチーフにしたのは、ファムファタールや隣の少女、婦人参政権論者、流行に敏感な女性など。それぞれのイメージの女性の人物像を制作するために、中古のアクセサリー、建設素材、宝石、かわいいおもちゃを集めた。収集品を女性のイメージごとに組み合わせ、それらをラピッドプロトタイピング技術*を用いて立体スキャンし出力。指輪のように小さなものまで可能な限りあらゆるサイズと素材を使い、立体への出力を試みている。

三次元プリンタのインクとなる素材は、合成物質あるいは貴重な金属パウダー。こうした素材でリングやブレスレットへと成形されたアクセサリーは、細部に至るまでディテールが再現されているのも特徴である。

この技術をより発展的に捉えれば、たとえば、ジュエリーメーカーはプレタポルテとして、すべての顧客に適した指輪を制作し、しかも購入可能な価格で提供できる。

最後にコレクション・アイテムとして、同技術でつくられたものと同様の形とサイズで、純金で鋳造した豚のリングが付け加えられている。

* ラピッド（迅速）にプロトタイプ（試作品）を製造する技術。三次元スキャンもしくは制作したCAD情報を立体出力する。光造形、粉末焼結、薄膜積層、インクジェット、溶融樹脂押し出しなどの方法がある。

‘Provocative Humor’

“Ted Noten’s designs act as a critique on contemporary life and on the history of jewellery, as well as on the wider context of product design. Interestingly, his work equally relates to architecture. The underlying, recurring, theme of his work is to challenge convention and processes of habituation, the familiar and the unusual. ”

TED NOTEN
→ P.080

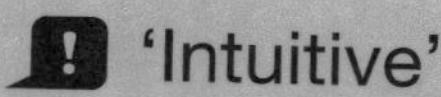

‘Intuitive’

“People who think that a design method should be simple enough so it can explained in one sentence are wrong”

BERTJAN POT → P.014

QUESTION 1

PRODUCT

In one word In one sentence

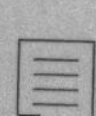

“I don't have only one concept. I get inspired by many different things and out of these various inspirations I make various concepts.
As an overall idea I could say that I just the ‘verb of eating’ for my designs.
I make designs for example based on the growing of food,
the sharing of food at the table, the transport of food, the communication through food.
Everything that surrounds food can be my subject.
I am intrigued by the fact that I can use a material for my designs that actually enter, and become part, of your body. A lot of designers make a lot of waste.
My designs are always being eaten. In that sense, by designing consumptions,
I don’t participate on the consumerist society.”

MARIJE VOGERZANG
→ P.012

'Involvement'

"Platform21 inspires critical and creative involvement in the design process, for professionals and the public."

PLATFORM21 → P.060

"The concept is only one of the tasks that a PRODUCT needs to have.
Function/size/proportion/material, all these are even important."

DICK VAN HOFF
→ P.034

'Idea'

"When I design I don't come up with a solution, but I create possibilities (with which people can play with)."

RICHARD HUTTEN
→ P.042

WHAT IS THE 'CONCEPT' OF YOUR DESIGN METHOD?

質問：あなたの制作手法におけるコンセプトとはどのようなものですか？

理解の手がかりとして、60-70年代以降活躍したアメリカのアーティスト、
ソル・ルウィットの「コンセプチュアル・アートに関するセンテンス」を引用する。

< PART 1 >

QUOTATION FROM "SENTENCES ON CONCEPTUAL ART"
by SOL LEWITT

"Since no form is intrinsically superior to another, the artist may use any form, from an expressionof words (written or spoken) to physical reality, equally."
"The concept of a work of art may involve the matter of the piece or the process in which it ismade."
"Once the idea of the piece is established in the artist's mind and the final form is decided, the process is carried out blindly.
There are many side effects that the artist cannot imagine. These may be used as ideas for new works."

Quoted from "Art-Language (England)" magazine (May, 1969)

‘1990-2005’

“Conceptual for me is a bad word. It is too often used as an excuse to make something ugly and/or unpractical.”

BERTJAN POT

➘ P.014

“Nowadays you see a lot of ‘conceptual design’, but when it only for fills this task I think it is noting more than an idea and not a product proposal.”

DICK VAN HOFF

➘ P.034

QUESTION 2

PRODUCT

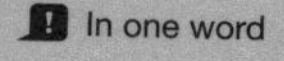

In one word   In one sentence

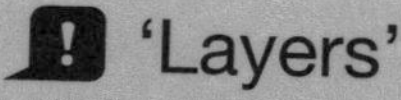

‘Layers’

“Conceptual means to me that the work is a vehicle for meaning/critics and comments.”

TED NOTEN ➘ P.080

‘Defining Rules’

“I’ve always said: ‘form follows concept’, which basically means that the final form of a product is a consequence of the concept, almost like the outcome of a mathematic rule.”

RICHARD HUTTEN

➘ P.042

"Conceptional means that you have a story to tell with your design. You don't just make something because it looks nice. For me, how somethinhg looks is just the tool to communicate my idea."

MARIJE VOGERZANG P.012

'Structure'

"The structure opens up the infinite possibilities of play."

PLATFORM21

P.060

HOW DO YOU DEFINE THE WORD 'CONCEPTUAL'?

質問：あなたにとって'コンセプチュアル'という言葉の意味とは何ですか？

< PART 2 >

QUOTATION FROM "SENTENCES ON CONCEPTUAL ART"

by SOL LEWITT

"Conceptual artists are mystics rather than rationalists.
They leap to conclusions that logic cannot reach."
"The artist's will is secondary to the process he initiates from idea to completion.
His wilfulness may only be ego."
"The concept and idea are different. The former implies a general direction
while the latter is the component. Ideas implement the concept."

Quoted from "Art-Language (England)" magazine (May, 1969)

POINT OF VIEW

BY KENJI WADA

USE THE DUTCH

オランダをつかう

ダッチデザインのパイオニアである ドローグ・デザイン(以下ドローグ)が誕生して17年経つ。2000年に行われたダッチデザイン展を手伝っていた当時大学生の僕は、目の前の作品を理解したその瞬間、顔は笑っているのに、脳の中がとてもすっきりとしたのを強く憶えている。そこにあったのは、ウィット(人を微笑ます表現)とその中に潜むメッセージ力(コンセプト)だった。

ダッチデザインに衝撃を受けた僕は、卒業後オランダのデザインアカデミー・アイントホーヘンの修士課程に留学し、ドローグの元ディレクターのハイス・バッカー氏の元で2年間、コンセプチュアル・デザインにどっぷりと浸った。そこで、日本には一般的に馴染みの少ない「コンセプト」が我々の生活にどう直接影響するかを身をもって経験した。

オランダにとってデザインとは国技である。日本でたとえるならば、相撲のようなものだろうか。若者からお年寄りまで世代にかかわらず楽しめる、世界に誇るべき日本の国技。それがオランダの場合はデザインなのである。

特にプロダクトデザインの場合は、幼少期から日用品として触れる機会も多い。ところがオランダにはインテリアショップが非常に少なく、日本のように何百軒もない。そういった背景もあり、デザイナーの展示会には多くの人たちが新作を買いにやって来る。オランダにとってデザインとは、デザイン好きの人たちだけのものではなく、全人口を巻き込む文化として根強く大切に扱われている。

たとえばそれは家の中で使われる椅子1つにもあてはまる。中古市で買ってきたボロボロの椅子を修理して色を塗る。脚が1本足らなければ少し雰囲気の違う脚でもお構いなしで取り付け、オリジナルな椅子を多少強引にでも完成させてしまう。まるでユルゲン・ベイの「COCOON FURNITURE」のごとく、見慣れた既存家具を材料として用い、新しいコンセプトを表現する作品を創造するようなことを一般市民が日常的に行っている。

ホームパーティを頻繁に開催する彼らは、その椅子を友人に大いに自慢する。「デザインなんて買うものじゃなく、つくるものだ。新品なんて格好悪いよ」と。そんな全人口がプチデザイナーのような国から生まれたのがダッチデザインだ。デザインは物だけでは半分しか意味がない、私たちがつかいこなすからカッコイイんだ、というオランダ市民の暗黙の了解。オランダのプロダクトデザインはデザインではなくアートであるという見解もあるようだが、是非このクリエイティブなオランダ一般市民も併せて見ていただきたい。つかう魅力をぐっと実感できるはずだ。

READINGS

PRODUCT × ARCHITECTURE

DIALOGUE
KENYA HARA × RYUE NISHIZAWA

ESSAY
DE STIJL

DIALOGUE

KENYA HARA (DESIGNER) × RYUE NISIZAWA (ARCHITECT)

DUTCH DESIGN & ARCHITECTURE,
ITS' WAY OF THINKING & MAKING.
@ MORIYAMA HOUSE

GUEST_ RYUJI FUJIMURA, KENJI WADA **PHOTOS_** CHIHIRO ICHINOSE
MODERATE_ MASASHI KIDO, TAKESHI OIE **THANKS_** MR.MORIYAMA

対談:原研哉×西沢立衛:

オランダの建築デザイン、その思考と手法とは?

@森山邸(設計:西沢立衛建築設計事務所)

これまで雑誌や著書などで時折、オランダのデザインや建築について言及してきた原研哉、西沢立衛の両氏。日本的な身体性や繊細さをもつ設計・デザインを特徴とする2人にとって、なぜオランダが気になる存在だったのか。そこで今回は、西沢氏設計の代表作である森山邸を舞台に、2人にオランダ的な思考と手法について語ってもらった。対談にあたっては、オランダ留学を経て、各ジャンルで活躍する若手2人、藤村龍至(建築家)、ワダケンジ(デザイナー)の両氏に参加してもらい、細部の解像度を上げながら進めた。

ART & NATURE

── 西沢さんはオランダで設計の経験がありますが、オランダにはどんな印象をおもちでしょう。

西沢:オランダで「スタッドシアター・アルメラ」という劇場を設計しました。設計するにあたって、オランダの劇場やワークショップをあちこち見学したのですが、必ずアジェンダがあって、最初に5分間のプレゼンテーションから始まるのが印象的でした。劇場のマネージャーや裏方の普通の人々がいきなりスライドを映して流暢に説明するので、最初はすごく驚きました。日本人にいきなり「プレゼンテーションをしてください」と言ってもできないですから。原さんはオランダについてどう思われていますか?

原:オランダの伝統はラディカリズムだと思うんです。社会や世の中に向けて、エッジの効いたことを行う姿勢がひとつの伝統になっている。近代でいうと、デ・スティルの時代にドゥースブルフたちがやっていたことは、非常に極端で原理主義的だと思います。モンドリアンやリートフェルト、グラフィックではバウハウスでも教えていたピート・ツワルトなどがつくった原理主義的なラディカリズムがオランダの伝統になっていて、いまだに続いている。

── どうして、そのように極端な原理主義になったのでしょう。

原:「世界は神がつくったが、オランダはオランダ人がつくった」というような言葉がありますよね。オランダ人はとても特殊な自然観を持っていて、圧倒的に「人工的なるもの」が、ひとつの自然=ネイチャーになっている。オランダは国土の4分の1が海面下ですから。国土、畑、森、運河、家、公園、全部自分たちでつくったんだと。ある人工性がひとつの「自然なるもの」の基盤になっているわけです。それに対して、日本はまったく逆で、人間のつくる人工的なものなんてたいしたことなくて、自然の中に叡智があると考える。自然の中からくみ取って、活かしていくという発想があるわけです。

西沢:確かにそのとおりですね。

原:それを感じたのは、MVRDVが設計した

KENYA HARA (DESIGNER)

ハノーバー万博2000のオランダ館（P.189）を見たときです。世界中の人たちがエコとか共生という言葉を言い始めた時期で、各国は自然とどう共存していくかをテーマにしているのに、オランダだけメッセージが違っていたんです。建物のてっぺんに盛り土をしていて、風車が回っている。つまり、大地をつくり、風車もつくり、エネルギーもつくったんだと。とにかく国土は全部自分たちがつくったということを非常にラディカルに表現していた。どんなに人工的でも、自然はちゃんと生きているというメッセージを出していたんです。僕はびっくりしました。そうした文脈で見ると、現代に対するオランダのスタンスがわかってくる。

西沢：そうですね。一方で、日本とオランダは似ているところもあるように感じます。オランダというのは、雰囲気としてはどちらかというと社会主義っぽくて、集団的なところが似ているなと思うんです。ヨーロッパの中でも、イタリアのバロック建築のようなものよりも、北の方のシンプルなデザインの方が日本人には心情的に理解し合えるところがあるような気がするんですが、北欧は、ちょっと階級的な感じがする。でも、オランダはみんな市民というような感じがある。

原：みんなフラットですよね。日本にもまだ1億総中流みたいなところがある。

西沢：そうなんです。たまに似ているなと感じることがあるんです。フランスだと個人がすごく重んじられるんですが、オランダはチームワーキングという印象があります。そういう集団的な面がオランダと日本は似ているなと思います。

BOOK MAKING

―― 西沢さんはオランダから影響を受けていると感じますか？

西沢：オランダから影響を受けたというより、レム・コールハースという建築家から非常に大きな影響を受けました。80年代にラ・ヴィレット公園やハーグ市庁舎などのコンペがあったのですが、それらのコンペに出したレムの案（P.145）は非常に影響力のあるものでした。当時、レムはコンペに出て何度も負けるんですが、1等になった案よりもレムの案のほうが全然インパクトがありました。彼は当時、僕だけではなく全世界の建築学生に影響を与えたと思います。いま考えるとそれは確かにオランダ的なところもないとは言えないと思いますが、しかしレムの突出した才能は、オランダの風土を超えていたと思う。

原：建築が建たなくても、プロジェクトが情報としての価値をもちはじめた時代ですよね。コールハースは模型写真や、プレゼンテーションのビジュアルを使って、建築が建っていないのに本をつくってしまう。彼の情報のパワーを見せるというやり方は僕も影響を受けました。構想でも情報として立ちあげていけば価値になりうるんだということがわかった。そういう意味ではコンセプチュアルですね。レムはそれを確信をもってやりはじめたわけです。『S,M,L,XL』をつくった、当時トロントにいたデザイナーのブルース・マウは100ページなんて1日でレイアウトできるという考え方で、すごい速度で分厚い本をつくるんですよ。そこにレムが来て、編集する。滞在中はほとんど寝ないで仕事をしていたそうです。
―― スピードに価値があると。
原：日本人はゆっくり丁寧に本をつくりますからね。情報をスクリーニングして、吟味した写真をゆっくりレイアウトして、テキストも厳選するというのが、我々の本のつくり方だったんですが、オランダ人は未成熟なものは未成熟なもののパワーがあると考えるわけです。イルマ・ブームというオランダのグラフィックデザイナーがつくったSHV社のヒストリーブックにも驚きました。ものすごく分厚くて、本のしおりひもが何十本もあるとんでもない本です。そういうものを見せられて、こんな本をつくるオランダ人はすごいと。
ワダ：その意味では作品づくりのプロセスやストーリーを本にまとめるという方法は建築のみならずプロダクトでも行われていて、オランダ的な方法の一つの特徴だと思います。ドローグも立ちあげた当時は作品をつくらずに本づくりから始めました。デザインアカデミー・アイントホーヘンでは学生の卒業制作をまとめた本（P.145）を出版しています。
原：アイントホーヘンの学長だったリ・エデルコートとは付き合いがあって、学校を案内してもらったことがあります。学生の卒業制作をプロが写真に撮って、コンセプトをコピーライティングして毎年ちゃんと1冊の本にしている。これには驚きました。学生の卒業制作自体が社会に対するプレゼンテーションになりうるくらいのクオリティになっているわけです。彼女たちはそういうことを運動として立ちあげるのがうまい。
ワダ：その点では、原さんも武蔵野美術大学の学生たちのプロジェクトをまとめて『Ex-formation』という本（P.145）を毎年出版していますが、これはオランダ的なアプローチに近いですね。

MVRDV × SANAA / DROOG × MUJI

―― レム・コールハース以外のオランダ人建築家についてどういう印象がありますか？
西沢：オランダの建築は総じて保守的で、プラクティカルな印象があります。大変に現実主義的で、理想を追うというよりは現実問題を並べていって、それらをどう解決するかを考える。現実主義的な人たちだという印象がすごくあります。彼等にとって合理的というのは、ほとんどそのまま現実的という意味ですね。
原：MVRDVはその極端な例ですよね。住戸がキャンチレバーで飛び出しているMVRDVの高齢者集合住宅「100WOZOCOS」（P.190）を見たときは、やはり強烈で、すごい建築だと思いました。自由さと同時に不自然さを謳歌しているところがある。そこにもラディカルなものを感じました。オランダのデザインは合理性というものをできるだけ自在かつ大胆に展開していこうという姿勢があって、ある意味世界を牽引しているのは確かですよね。
藤村：合理性という点では、MVRDVは極めてダッチなプレゼンテーションをする人たち

RYUE NISHIZAWA (ARCHITECT)

です。絵本形式で、ワンビジュアル、ワンフレーズというプレゼンテーションをひたすら繰り返していく。彼らとSANAAを比較すると、MVRDVが絵本を使ってストーリーを組み立てていくのに対して、SANAAは模型を重視していて、両者ともツールを限定した中にストーリーを組み立てていくという共通した作家性があると思います。オランダのMVRDVに代表されるようなダッチデザインのひとつの方向として、方法をコンセプトにするというようなカラーについては、同世代の西沢さんから見ていかがですか？

西沢：彼等のやり方というのは、理想とする造形やフォームが最初にあるわけではなくて、フォームというのは結果として出てくるもの、それは「目標」でなく「結果」というところがあると思います。それはMVRDVがはっきりと示しました。データスケープというのも、風景は結果だと考えているわけですね。レムもそういうところはちょっとあったんですけれども、やはりMVRDVがより先鋭的にそれを言った。MVRDVというのはすごく大衆的で、現実主義的で、大衆文化に下りてきて、なおかつ建築芸術であり続けている。MVRDVがもっている強烈さや下品さ、醜さというのは、まさに大衆的なもののそれだったと思います。

藤村：MVRDVの場合は、午後5時に帰るということをスタディしないということに読み替えて、それをコンセプトにしてしまった。建物の色のスタディをするのが面倒だから、スタイロフォームの色にする。スタディの方法にあえて結果を沿わせていくようなやり方をしていた時期があったと思います。

西沢：オランダの人たちはあまり働かないんですよね。合理性イコールいかにサボるか、という面があるんですが、その中でレムの若い頃の作品はむしろ例外的で、すごく徹夜している感じで、働き者で、共感するところがあるんです。建築的には足し算的で、どんどん足していくブリコラージュなんですよね。でも、MVRDVはもっと製品化というか産業化しているというか、残業はしないぞという建築です。その辺もMVRDVは、オランダ人がほとんど地で建築をやるとああなるという、まさにオランダ国民性そのものみたいなところがあります。でも、それは単にオランダ的という枠を超えて、図式をそのまま建築化するという彼らのやり方は、日本の建築界にも影響を与えました。

── 図式をそのまま建築化するというのは、どういうことでしょうか。

西沢：図式というのは、もともと方程式のようなものです。それは「かたち」にたどり着くための手段、形を導き出す方程式みたいなものなんですけれども、その方程式や図式がそのまま建築になってしまうわけです。答えを出すというよりも、計算式がそのまま建築になってしまったという。それは当時、ある即物的な凄みみたいなものがあった。ただ、そういう過激さも流行を過ぎると、過激というよりは保守的に見えてきたという面はあると思います。答えを出すというよりも、計算式がそのまま建築になっているということを、ダイナミックにやれるのならば面白いのですが、何のための図式なのかわからないまま単に図形的というだけの建築が世の中に増えてきた。

ワダ：プロダクトでいうと、いかに怠けるかということすらコンセプトだと言ってしまうMVRDVのように、ドローグのデザインも方程式がそのままかたちになってしまうような点があります。かたちを考えすぎない。それと対比してみると、日本では原さんがアドバイザーを務めるMUJIがあると思います。削いでいくデザインという点ではドローグに近いと感じますが、ドローグは作家性、一方MUJIは匿名性が立っています。原さんはそのあたりをどう見ていますか？

原：まず、オランダと日本の違いを考える上で、シンプルとエンプティの違いについて話したいと思います。西洋がつくったシンプルの極端な表現のされ方がオランダだと考えるわけです。世界は実は複雑さから始まっているんです。はじまりにおいては人を統べる力というものと、ものの複雑さというものが

密接に関係していたわけです。それが近代になって、王様ではなくて、人間1人1人が社会の中心になった。そうなると椅子が猫足である必要もない。急速に合理化が生まれてきて、そこにシンプルが発見されて、ものと人間と素材の関係が最短距離で結ばれるようになった。これがモダニズムですね。でも、よく見ると日本にはもっと昔からそういうものがあった。

── 日本には昔からシンプルがあったと。

原：シンプルという言葉よりも、エンプティ＝空っぽという言葉の方が近い。日本も昔は世界中の影響を受けて絢爛な文化だった。あるときにそれがリセットされてしまいます。それが応仁の乱。仏像も焼けるし、伽藍も焼けるし、書画、書籍も焼けた。京都の大半が焼けつくされて、とんでもない喪失があったわけです。そこから茶の湯、能、生け花といった冷え枯れてエンプティなものが出てきました。世界中が複雑さで満ちていた15世紀後半に日本だけが変わった。たとえば、生け花は空白の中にぽつりと花を置く不在感が人の気持ちを揺さぶるパワーをもっている。日本人はそういうエンプティをうまく運用し始めるんですね。それは西洋が生みだしたシンプルとはまったく違います。

── 具体的には、どう違うのでしょう。

原：たとえば、無印良品の製品は四畳半のアパートにも、この森山邸のような空間にも、どんな部屋にもさっとはまる。完全に姿を消して、どんな文脈にも寄り添っていくという自在性をもっています。同じひとつのテーブルを18歳の若者が見ても、60歳の老夫婦が見ても自分たちの生活にフィットすると思うわけです。たとえばそういう自在性はシンプルと言うよりエンプティと言った方がいい。18歳の若者風のテーブルと60歳の老夫婦用のテーブルを別々にデザインするのではなくて、同じひとつのものが自在性をもつ。見立てに応じて、どうにでも解釈されうる自在性が、ひとつの品質として意識化されている。しかし、オランダでは、シンプルな発想を極端に表現するというところに、カッティングエッジな味を出そうとしている。

── 人々に対する開き方、つまりジェネリックのあり方が違うのですね。するとドローグはシンプルになるのでしょうか。

原：はい。ドローグのデザインで、たくさんの電球を束ねてシャンデリアのようにしている照明器具があります。100wが10個集まると1,000wになって、1,000wの照明ができあがる。シンプルな発想からすごく大げさで極端なかたちができあがる。オランダ人のそういうコンセプトをみんなが面白いと思うわけです。

QUESTION OR SOLUTION?

── ここで「つくる」ということをもう少し掘り下げてみたいと思います。ここまでお話をお聞きして、オランダ人なりに日本人なりに、ものをつくるときの手がかりを、一所懸命考えてきた歴史があると思います。お2人は制作の手がかりという点では、どんなことを考えられていますか。

1 **PARC LA VILETTE** BY OMA
2 **BOOK EX-FORMATION** BY KENYA HARA
3 **BOOK OF DESIGN ACADEMY EINDHOVEN**

西沢：ヨーロッパの建物は何百年も建っているので、それは決して現代の我々の生活像に合わせて建物をつくったわけではない。むしろ、人間が建物に合わせるものだという方が、彼等にとっては普通なのです。人間の生活様式は25年くらいで変わります。かたや建築は100年以上生きながらえる。そうすると論理的にいって、人間の生活に合わせた建築というのは無理なわけですね。そういう文脈で、OMAはプログラムっていうのは面白いんだぞ、と言い出した。つまり、人間の使い方に建築を合わせるというのはすごいことなんだぞ、ということです。そういうレムの思想下でMVRDVは作品をつくった。使うということに建築を合わせる、そのすごさですね。

―― 人間に建築を合わせてしまった。

西沢：オランダ人は問題解決というものを建築のテーマにしてしまったことが、いろんな意味で建築に物議を醸し出したと思いますね。それは良いところもあったし、悪いところもあったと思います。悪いところは、建築がなにかすごく小さいスケールになってしまったということがあるし、建築がサブカル化したという点があった。他方、良いところもたくさんあった。たとえば、建築というものは現代社会の中でなお問題なのだということを彼等は言った、なお建築芸術たりうる道があるのかということに対する問いかけがあった。

―― その点、「デザインは問いである」と原さんは常々おっしゃっていますが、デザインは問いの解決の結果なのでしょうか。それともデザイン自体が問いかけなのでしょうか。

原：「知ってる、知ってる！」とみんなよく言うんです。なぜか2回言う。でも、何をどれほど知っているのでしょうか。「西沢立衛？知ってる、知ってる！」と言うんですが実際は大して何もわかってない。そうじゃなくて、いかに西沢立衛を知らないかをわからせることの方が重要で、「私は全然知らなかった」ということをわからせると、そこにぽっかりと大きな入口が開いて、西沢立衛に入っていける。つまり既知化させるのではなく未知化する。いかに初めて見たかのように見せられるか。ブランディングというのは、理解から永久に逃れていくことなんです。理解されるということは消費されることでもありますから、常に未知なものとして理解から逃れていかないと消費されてしまう。問いをつくるというのはそういうことなんです。オランダ人はそういうことを意図的にやっていると思います。

―― 結果が問いを再び生むということですね。ヨーロッパの問題の扱いについて、もう少し教えていただけますか。

藤村：西沢さんは、MVRDVを始めとするオランダ人建築家がいわゆるヨーロッパのオーセンティックな作家についての理解を書き換えようとした点を指摘しています。そもそも問題を解決することは作家のやることではなかったわけです。そういうことは労働者がやればよくて、エリート建築家は問題をつくらなくてはいけない。オーセンティックな作家像はそういうものだった。みんなが解くべき問題を発明することの方が重要であると。それに対してMVRDVの「100WOZOCOS」は

1

2

3

100戸分の住宅をどうとるかということだけを考えて、どう解決するかを表現したわけです。それによって逆説的に現代的な作家性のあり方や、作家と社会との関係について、論点を浮かび上がらせたのが、オランダデザインの一番ラディカルなところだったのではないかと思います。
西沢：もちろんそういう面は非常にありますね。みんなが広く議論していくためのプラットフォームのようなものをつくったわけですね。デザインにも近いところがあるんじゃないかなと思います。たとえば、ジェットエンジンやランプなどをつくったときに、人々はすごく考えたと思うんです。それがさらなる発明を呼ぶことになったのではないか。発明した人だけではなくて、いろんな人に問いかけるようなものがすごく重要だと思うんです。建築でもデザインでもそういうものを求めるという面があるのかなと思います。
原：そう考えると森山邸は問題型ですよね。すごく新しい問題が示されていると感じました。計画された建築がそこにストラクチャルに存在するというよりはいろんなかたちの角砂糖を置いていて、アリがそこに集まっているような感じです。木も計画的に手入れしている感じはしないし、庭もきっちりとプランニングされている感じもない。どこまでが責任範囲なのかわからない。人間の住まい方がいかようなものになっていくかということが、その後の住まい方に委ねられているという感じがある。人の住まい方をあらかじめプランニングしていないというところが、僕はエンプティだなと思いました。
—— 森山邸は日本的であると。
原：そうです。自在性があるわけです。見立てに対して開かれている。建築は敷地におさまっているけれども、この建築のリアリティはもっと外側にはみ出していると思うんですよね。敷地を拡張してはみ出してしまっている。完璧に開いてしまっているからどこまでがこの建築なのかわからない。これはオランダ的ではなくて、日本的なものだと思います。日本はアヴァンギャルドな問いを突きつけてくる。オランダはラディカルなんだけれども、社会性をもっていて、文脈的である。この森山邸は非文脈的だと思います。そこにコールハースなどのオランダ人建築家があこがれをもつんじゃないでしょうか。彼らが妹島さんや西沢さんの建築を見て、自分たちにはない自由さを感じる理由がわかる気がしますね。
西沢：原さんがはみ出しているとおっしゃったのはさすがというか、まさにその通りと思います。ふつう建築は、はみ出さないものなのです。近代以降は都市計画と建築計画は分離したので、敷地境界線の中が建築、外が都市というように、お互い別々に棲み分けて進化することになった。でも、都市計画と建築計画は、僕らの生活から見れば連続しているので、そういった僕らの実感にもう少し近い設計の方法があるのではないかと思っています。東京のような、まわりに無関心でバラバラにできていく街に対して、森山邸は批判的なんだと思います。
—— まさに問題提起ですね。
西沢：最近、ネイバーフッド（ご近所）というような概念はすごくいいなと思っています。1丁目とか2丁目といった分け方を超えて、常に自分が中心にいるんですよね。すごく自己中心的な考え方で、ネイバーフッドで環境を考えると、たとえば自分が3丁目の端にいても、ネイバーフッドという空間のまとまりは3、4丁目の境界をはみ出して広がっていく。ネイバーフッドというのは古い言葉だけれども、どこか現代的で新しい何かがあるような気がしています。そういった概念を考えることで、建築と一緒に環境をつくることができればいいなと思います。
—— お話を通して、オランダと日本の相違点がよく見えてきたと思います。自然と人工に対する姿勢の対比や、コンテクストとどういう関係を結ぶのかという、‘ジェネリック’と‘スペシフィック’のあり方の違いなど、とても示唆に富んだお話でした。森山邸の不思議なスケール感にも圧倒されました。ありがとうございました。

ESSAY

DE STIJL : THE RICHNESS OF ABSTRACTION

TEXT_ SATORU ITO
THANKS_ NETHERLANDS BOAD OF TOURISM & CONVENTIONS

PIET MONDRIAN : COMPOSITION SERIES

デ・スティル、
抽象性の奥に広がるもの

オランダの建築・デザインの制作手法の一端は、20世紀初頭の芸術運動「デ・スティル」による近代化の上にある。ドイツの表現主義の流れを受けたアムステルダム派と対比的に、ロッテルダムを中心に展開したデ・スティルは対象の分解・再構築によって、人間の感情や技術の先を目指した。その思考と手法を、現在に引き寄せて再解釈する。

GERRIT RIETVELD
: ZIG ZAG CHAIR (1934)
: SCHRÖDERHUIS (1924)
: RED AND BLUE CHAIR (1917)

THE ART OF DESTRUCTION

中学生の頃か。ピート・モンドリアンの絵画を教科書で初めて見た時の衝撃は忘れられない。美術（当時の私にまだアートという言葉はない）といえば対象に忠実もしくは情緒的な写実表現に優れた「上手い絵」、つまり「再現性の技術」のことだと思い込んでいた男子中学生の私にとって、何が描いてあるのかさっぱりわからず、黒い直線と赤や黄や青で塗りつぶされただけの平面からなるその物体は、当時私が絵画と認識していたものからはほど遠いものだった。これなら私でも描けそうだ。

しかし同時に、不思議とその絵画の放つ魅力は力強かった。それは、私がそれまで美術の教科書から感じていた「上手い」というものとはちょっと違う、言うなれば「カッコいい」ものだった。それが「デ・スティル」という芸術運動の一端だったことを知るのはだいぶ後になってからである。

「デ・スティル」は1917年、テオ・ファン・ドゥースブルフによってオランダのユトレヒトで立ち上げられた芸術運動の名称。その後中心をロッテルダムに移し、「ロッテルダム派」とも呼ばれる。ドゥースブルフは、画家であり、建築家であり、批評家であり、活動家であった。彼は新しい時代の造形理論をつくり出すと同時に雑誌の出版も行い、自らの思想を広く流布しようと努めていた。その活動範囲の広さが示すとおり、彼の主宰する「デ・スティル」もまた多くの分野の芸術家たちを横断的に巻き込む。

たとえばよく知られるヘリット・トーマス・リートフェルトの住宅建築「シュレーダー邸」や「赤と青の椅子」といった家具、前述のモンドリアンの絵画「コンポジション」シリーズなどはどれも、デ・スティルが生んだ成果の1つといえる。そこに共通しているのは、モンドリアンの絵画に代表されるように赤、青、黄、黒、グレーという色彩が、直線的、平面的に構成されていること。

このような造形のバックグラウンドには「デ・

スティル」の造形理論があった。対象物を分解し、その中から主要な要素をピックアップし、再構築するというデ・スティルの方法は、再現性ではなく、再構築性、つまり抽象性についてのものだった。この造形理論は、「描写」という技術系に加えアートの世界に「理念」という新しい系をもたらすことになる。それが、当時建築をはじめ芸術全般の世界を席巻していた「モダニズム運動」に代表される、社会と創作を接続していくための運動には欠かせないものだったのだ。

'DE STIJL' AS THE STYLE

建築におけるモダニズム運動は「合理性の発見」に端を発している。それは工業化、大衆化といった当時の大きな社会変革の波と相まって、機能主義、装飾の排除といった方向に発展した。「自由で平等な民衆のための社会を実現させよう！」というモダニズムの大義は、来るべく新しい世界のために「貴族時代にべったりと塗り付けられてしまった虚飾の数々をどんどん剥がしていく」というスローガンのもとで、次第にシンプルで抽象的な表現を獲得していく。工業化がもたらしたものは、社会をマスとして捉える、つまりは世界を抽象化する視点だった。それに伴い、職人の手技による精巧な造形ではなく、工業化社会にふさわしいモノのあり方が必要になっていく。

このような背景から各地で様々なモダニズム思想が生まれたが、その中でもオランダのデ・スティルの造形理論は抽象化の高さにおいて突出していた。様々な芸術運動が現実世界に表現を定着させるために無数の矛盾や齟齬といった二重性を抱え込んでいたのに対し、デ・スティルはかなり振り切れている。彼らはラディカルに理念を追い求め、社会に適応するための二枚舌など許容しなかったのである。

その純粋さが原因でデ・スティルの造形理論は現実世界から乖離してしまい、決してモダニズム運動のメインストリームになることはなかったが、そのぶん誰も到達できなかった抽象表現の高みを実現している。造形理論が絵画や彫刻から家具、建築に至るまで様々な分野で適用可能たりえたのも、その抽象性の高さゆえだろう。数あるモダニズム運動の中でも、各分野にわたり成果を残すことに成功している例はほかにない。それこそが彼らの表現の強さであり、70年余りのちの、オランダから遠く離れた日本の中学生にでさえ「カッコいい」と言わしめる強度をもたらしたのだろう。

それにしても「カッコいい」とは曖昧な評価基準である。それは単に技術的な上手い/下手によるものではない。いまから思えば、それはデ・スティルの獲得した抽象性が、「私でも描けそう」な表面的な構成の背後に潜む、決して容易には辿り着けない豊穣な世界の広がりを醸し出していたからこそ伝わった力強さなのではないか。いまでもモンドリアンの画集を眺めるたびに、図版の裏からちらりと姿を見せる鋭利な理論の片鱗に、はっとさせられるのだ。　（伊藤暁／建築家）

PIET MONDRIAN : COMPOSITION SERIES

MAANDBLAD VOOR DE MODERNE BEELDENDE VAKKEN REDACTIE THEO VAN DOESBURG MET MEDEWERKING VAN VOORNAME BINNEN- EN BUITENLANDSCHE KUNSTENAARS. UITGAVE X. HARMS TIEPEN TE DELFT IN 1917.

THEO VAN DOESBURG: DE STIJL (1917-1931)

READINGS

ARCHITECTURE

INTERVIEW
WINY MAAS / MVRDV

CONCEPT
MERCEDEZ BENZ MUSEUM
AVL-VILLE
BORNEO SPORENBURG
CCTV HEADQUARTERS

QUESTION
3. WHAT IS THE 'CONCEPT' OF YOUR DESIGN METHOD?
4. HOW DO YOU DEFINE THE WORD 'CONCEPTUAL'?

POINT OF VIEW
THE DESIGN OF 'GENEROSITY' DERIVED FROM 'LOGICAL STORIES'

INTERVIEW

WINY MAAS /MVRDV

→ P.110,184

"THE SMALL BLUE HOUSE ON TOP OF THE BUILDING IN ROTTERDAM MUST BE SEEN IN AN URBAN CONTEXT, IT IS THERE TO COMMENT ON AND GIVE DIRECTION TO MODERN CITIES."

INTERVIEW & TEXT_ KIYOMI YUI
COOPERATION_ RYUJI FUJIMURA, MASASHI KIDO

オランダの建築家といって、日本で幅広く知られる建築家といえば、OMAそしてMVRDVが挙げられる。わかりやすい建築のフォルム、明快なグラフィック、合理的なリサーチによる思考が生む非合理な形など、彼の形を引き出すプロセスの革新性は、90年代以降、建築界のみならず、世界中を大いに釘付けにした。今あらためてオランダ的な思考を理解するべく、MVRDV主宰者のひとり、ヴィニー・マースに方法の可能性について、インタビューを掘り下げた。

BOOK AS A CONCEPT

── MVRDVは、活動開始以来非常に多くの建築を生み出しています。そのアプローチや方法論は変化していると思われますか?
WM：私たちは、他の建築事務所に比べて、自分たちで打ち出す方法論を忠実にフォローし続けていると思います。それは、定期的に本を出版し、実現されなかったプランも積極的に発表していることからもわかります。その上、必要なリサーチは自ら行い、データを分析している。大学で教鞭も執っています。これらの様々な活動が、独自の方法論を貫く姿勢を強化していると思いますね。

その活動の中で、私たちの知的局面はシフトし続けます。これを、より深い局面に達していく「改善」と見ていただけると嬉しいですが（笑）。このシフトは、本の制作を通してより明解になっています。この作業によって、現時点で何が欠如しているか、あるいは不足しているかをクリアに理解することができる。そして本づくりに際して、これまでの蓄積をすべて出し尽くし、あらゆる批判に直面する。それが私たちの糧となるんです。絞り込んだテーマを決めて本づくりに取り組んでいることも、論理のシフトをより明解に認識する助けになりますね。
── これまでに出版されているたくさんの本の中で、あなた方はどのような流れで論理をシフトさせていますか?
WM：ある本での問いかけに、次に出る本が答える形になっていることが多いですね。たとえば2冊目の『FARMAX』（P.159）では、非常に密集した社会を考えてみようと試みました。実際の法律だけではなく、建築や社会が内包する様々な規則に支配される「究極の高密度」の掟、それを『FARMAX』と呼びました。そして次のステップでは、既存の「最大値」をリサーチするだけではなく、より大きなスケールで考えることによって、新しい理想を追求してみることでした。こうして生まれたのが『METACITY DATATOWN』です。「新しい理想の追求」という次の目的を定めるためにはこのステップが必要でした。この本は、『FARMAX』に対する答えにもなっています。

そして『KM3』が生まれます。ここでは一個人や建築家という話ではなく、社会全体としての共通の意見を形づくるために、「統計」に注目しました。高密度の世界に欠けているものを描写することで、その世界に方向性を与えて牽引し、その状況下での建築をプログラミングしてみようと試みたのです。未来の都市はどのようなものか?1万人分の住宅を3次元のキュービックで考えると、どのくらいのボリュームになるのか、それに対して建築は何を提案できるのかということを想定してみました。

同時に、「より大きなスケールとは、どのようにディベロップしていけばよいか?」という問いかけも生まれます。こうして『THE REGIONMAKER』が誕生します。これはドイツのライン・ルール地域の未来の姿についてのディスカッションを引き起こすものでした。

こうなると、常にたくさんのシナリオを想定していく必要性が大きくなる。シナリオ次第で、前提から導き出すリアクションはがらりとかわりますからね。そこでそのリアクションの多様性や可能性を研究し、解答を導くプロセスを明解にするために「SPACE FIGHTER」という本とソフトウェアを開発しました。「もしこうしたら」>「次はどうなるか?」というプロセスをゲームのように展開していくものです。

このような感じで、3、4年ごとに本の制作をして、論理をまとめています。すべてを出し尽くすことで不足している部分を発見し、それが次のリサーチエリアになっています。

ARCHITECTURE AS MESSAGE

── いま説明した論理のシフトは、実社会とはどのように関連していますか?

WM：まず、建築は社会の「ツール」ですから、切り離して考えることはできません。

建築というものは、常に変化し続ける社会を反映し、その問題点を吸収していくだけでは不十分です。その状況をどう見ているのかと、はっきり発言していかなければならない。私はそう考えていますね。

建築家ならば常に革新を求め、自分の論理を深く追求し続ける姿勢が必要です。自分自身に対してコメントを投げかけ続け、同時に建築を通して社会に対してもコメントをする。それによって社会も変化していくのです。

── 建築で社会に対してコメントするとは? そしてどのように実践するのですか?

WM：ロッテルダム市内にはユネスコによって保護地域に指定されているモニュメンタルなエリアがあります。そこに建つある建物の屋上につくった小さな家（P.184）は好例ですね。これは、独立した家ではなく最上階の家のエクステンションとしてつくりました。45㎡の居住空間と120㎡のテラスです。これを見て、「なんとばかげたことを!」と批判する人がいます。逆に「グッド・アイデアだ!」と賞賛する人もいます。このような意見の相違は、「なぜこのような建築がつくられる必要があったのか」という論点を浮き彫りにする。私はそれこそが重要だと考えているんです。決して「究極の真理」を知っているふりをしているわけではありません。

私たちは、これからのロッテルダムはより密集し、高層へと向かう必要があると考えています。いわゆる中流階級の人々は、庭付きの家を求めて郊外へと引っ越していく。しかし青い家のおかげで、この家族はメンバー全員が自分の部屋を持ち、庭を手に入れました。このようなアイデアが可能なら街中にとどまってもよいと考える人々は多いはずですし、それは街の経済にとっても有益です。これが私たちの「意見」なのです。

そしてこの意見をよりはっきりと伝えるために、

家を青くしました。周囲とコントラストをつけて目立たせるためにです。天に近いというイメージや、楽しげな雰囲気もこの青で表現しました。このアピアランスから、より多くの人々がインスパイアされることを望んだからです。

—— ブルーと外観を選択する際に、審美的な価値判断は度外視しているのですか?

WM：私たちの建築はダイレクトであることがモットーですから、美しいといっても建築を「美しく見せよう」ということではありません。コンセプトが内包する様々なエレメントを前面に押し出すために使うのです。

——「美」の役割というと、エモーションを動かすことを連想しますが、あなた方の場合は「知」を動かすためのものなのですね。

WM：その通りです。しかしエモーションとは、美しくも息が短い。つまり、人の心が動くだけでは足りないということです。重要なのは、その後に認識と知識が続くことです。建築を見た時に抱いた感情の理由を知り、それを分析できることです。このプロセスを人々に喚起させることができるように、私たちは文字通り全力を尽くしていますよ。

青い家の話にもどりますが、あの家には雨樋がありません。それは、この家を現実の住宅としてではなく、抽象的な彫刻の家と捉えているからです。つまり「概念の家」だと強調するデザインにすることで、私たちのメッセージはより明解になります。このケースで言えば、「デザイン」が、私たちの提案を強調し、その結果、都市生活の中では十分な空間を持てないと考えている人々を勇気づける役割を果たしていると言えますね。

—— 同じようにして、これまで「実験的で、進化を続ける」という印象を刻み込んできたのですね。

WM：いくつかの建築は、それが喚起するディベートが興味深いことからメディアによく取り上げられますが、9割以上の人々には、建築自体が唯一のコンタクトです。その建築が何を訴えられるのかが重要ですからね。

私たちは、革新のためにはどんな努力も厭わない。実験的なものというのは、常に不確定な要素を内包していますが、そこに新しい論理を見出していくことが重要です。こうして導き出されるものは私個人の見解であると同時に、MVRDVの特徴にもなっていますね。私はいつもこう考えています。時代のメインストリームにのり続けて日和見主義に走ってはいけない。しかしマンネリズムの中で、ある作風を反復してもいけない。つまり進化し続けるしかないということなんです。自分の方向性を与えるための枠組みを設けながらも、十分な変化や進化を引き起こすスペースも必要です。広すぎず狭すぎないはっきりとした枠組みの中で、自分の方向性を打ち出していく。これが重要なのだと思いますね。

—— MVRDVの建築の特徴とは何でしょうか?

WM：それはブロッブ・アーキテクチャーといったようなスタイルではなく、姿勢やメンタリティの中にあると思いますね。それぞれの建築では多種多様な技術を使いますが、共通しているのはそれらが個の建築というより、都市計画的な大きなスケールと同時に、その大きなスケールを反映していることです。たとえば屋上の青い小さな家が、現代の都市の課題や目標という大きなコンテクストの中で存在しているようにね。

CONTEXT / FORM / GENERIC

—— コンテクストからフォルムを導き出す方法論について聞かせてください。コンテクストと言っても様々なものがあると思います。例を挙げながら説明してもらえますか?

WM：ある建築家のデザイン全般の‘ジェネリック’と、ロケーションなどに関連する‘スペシフィック’なコンテクストとの関係性は、常に論議を呼んでいます。すべてを直接的なコンテクストに結びつけて考えるのは、もちろんナンセンスです。しかし、いろいろなコンテクストの中で、私たちは想像以上に多くのことを共有している。コンクリートや鉄鋼、木、ガラスなどの限られた建材を使って、世界中で何万もの建築家が仕事をしているわけですし。温度やサスティナビリティなどに関する最適値にしても、みんなが知っている計算式から割り出される。では、あるコンテクストがすべての建築を似通わせてしまうのか?

もちろんそんなことはない。たとえば、新潟の「まつだい雪国農耕文化村センター」はその好例です。

このプロジェクトで重要なコンテクストのひとつは極端な気候です。冬の積雪量は多く、夏はとても蒸し暑い。そこで、この建物は地面に接していない方がよいだろうと分析しました。冬に雪に埋もれてしまうことがないし、建物の下にパラソルで覆われたような広場をつくることもできるからです。夏には日陰と風通しを生みます。この気候へのリアクションから、「宙に浮かぶ石」をアイデアのベースにしました。そして、この建物の形は、アブストラクトな知見から四角にしました。駅や駐車場といった、周囲にある重要なコンテクストを四辺で受けとめる。つまり、道が延びる方向性とこの四角のフォルムを結びつけたのです。こうして建物と道、そして村のすべてを結びつける。周囲の'スペシフィック'なコンテクストを強く表しながらも、私たちらしい'ジェネリック'をもつ建築です。

もうひとつの好例は、ロッテルダムの郊外にあるスパイケニセという8〜9万人程度の街につくる図書館です。ここはかつて小さな村でしたが、低予算で労働者階級の居住エリアをつくり出すために拡張されました。このエリアの住人たちは知的な興味に乏しく、全国の他の地域と比べても読書量が極めて低いという統計がありました。これは社会的なコンテクストで、とてもスペシフィックです。さて、こんな統計を元にいったいどのような図書館をつくったらいいでしょう。図書館はどんな役割を果たすことができるでしょう?

—— あなたの解答は?

WM:この街に「本がある」ということをビジュアライズしてアピールすることでした。ほとんどオープンエアで見せる感じでね。もちろん、図書館側には他のスペシフィックな要望もありました。従業員のスペース、店舗や劇場など、すべてを独立した空間にしたいと。OK、すべての望みを形にしましょう。そこで、それらの各空間が必要とするボリュームをキュービックで捉え、積み上げてみるとジグラートのような形ができたんです。それを本で覆ったというわけです。すべての本をここに並べて「本の山」をつくり、そこにガラスの箱をかぶせたのです。この本の山は、夜にはライトアップされます。

もちろんこれでスパイケニセ市民がもっと本を読むようになるという保証はできない。しかし、あなたの街にはこんなにたくさんの本があるよ、とアピールすることはできるのです。それを強調するために、できることならこれらの本を路上に並べてしまいたいくらいです。パリのセーヌ川沿いの本市場のように。まさに街と本が繋がるイメージです。このために、私たちは周囲の公道を図書館の中にも通しました。道の素材であるレンガをインテリアの素材にしたのです。床だけではありません。エレベータもドアも、窓枠までもです。もしここで私たちが機能性のみを重視するなら、他の素材を使う方が簡単です。しかし私たちの建築デザインにおける'ジェネリック'は、このようにコンセプトをより明確に表現していくことです。だから徹底的にやりましたよ(笑)。この図書館は2011年の半ばに完成予定です。

WHAT'S NEXT?

—— 近年、アムステルダム周辺は大きく変化しています。中でも30年前には何もなかったアルメーレ(アルメラ)という街は急激に拡張しています。そして20年後にむけて国内第5の都市にまで成長させるという計画があり、MVRDVはそのフレームワークを手がけていますね(P.194)。

WM:アムステルダムの北部にはアイ湖があり、その東対岸にアルメール市は位置していて、アムステルダム・リージョンの一部となっています。私たちの使命は、拡張するこのメトロポリタンに人々が住み続けられるようにエリアを改善することです。同時に、アルメールをアップグレードし現状を改善することも重要な使命です。

アムステルダムは、いわゆる底辺を支える幅広い層をアルメーレに押し込んでほっとしているという感があるのですが、当のアルメーレには失望感が漂っている。60,000戸分の宅地をクリエートする予定ですが、これによってアムステルダムのアッパークラスを呼び寄せることも狙いです。なぜなら、アムステルダムは、アルメーレ市に対して責任があるのです。自分の市の下層クラスを送り込むためにアルメーレという街をつくり、あとは彼らの運命に任せて知らんぷりなんて無責任ですからね。

だから街を拡張しつつしっかりイメージチェンジをすることが要求されています。同時に、サスティナビリティや経済の発展、自然環境の改善なども行っていこうという総合的な都市倍増計画です。

―― 市当局はこのフレームワークはアーバン・マスタープラン以上に重要だと言っていますし、環境大臣はアルメールが「サスティナビリティのアイコン」となることを望んでいると発言してもいますね。具体的にはどのようなプランがあるのですか?

WM：実際には、新しいインフラを整備し、新しい宅地スペースをつくり、湖底を浄化して水質を改善し、自然のサイクルを取り戻すなどが計画の一部です。そしてこの自然の改善にかかる莫大な費用を、住宅による収益でまかなうプランを考えています。人工島を建設し、水上に宅地を延ばすため、両市を繋ぐ道路も湖に建設しなければなりません。

しかしここでいろいろな問題があります。たとえばアムステルダムは、対岸にあるアルメーレの存在を感じたくない。アイ湖が住宅で埋め立てられる姿はみたくないというんです。そこで水上住宅はアムステルダム側からは見えないようにしなければならない。両市を繋ぐ道路も、アムステルダム側半分は水面下にトンネルを通す。しかしアルメーレには新しいアイコンが必要ですから、湖上の市の境界線を過ぎるとアルメーレ側で道路は陸上に上がり、ゴールデン・ゲートのようなアイコニックな橋を建設しようと考えています。

航空写真をみると明かですが、アルメーレ周辺の湖はまるでコーヒーのように汚染されている。これを浄化し、様々な生物をもどし、自然のサイクルをとり戻そうというプランもあります。

―― そのお話を聞いて、オランダは強いコンセンサスの国というイメージを思い浮かべました。

WM：オランダ人はヒエラルキーを嫌う。だからこのような都市プランでも、行政が一方的にプランを押しつけるということはありえません。大規模なプロジェクトでは、建築家はコレクティブなディスカッションをすることが求められているんです。よりよいコミュニケーションが、最終的にプランが遂行されるかどうかを左右します。近年の市民は以前よりもはっきりと自分の意見

< AFTER THE INTERVIEW >

MVRDVは「設計の方法論の設計」に極めて意識的である。ページ毎に1ヴィジュアル・1フレーズに徹した絵本型プレゼンテーションは、わかりやすく、リニアな論理展開を明快にし、パワーポイントとの相性もよい。余計なレイアウトは一切しない。ただ均等のグリッド分割があり、デジカメの写真と文字のブロックが淡々と納められている。スタディ模型の材料は断熱材に用いるブルーのスタイロフォームであり、そのうえにテクスチャをマッピングする。ボリュームとファサードという、どちらかというと不動産屋による建築の捉え方である。模型の代わりにCGを用いても、同じようにボリュームにテクスチャをマッピングする。当然、そのようなスタディであるから、内部空間のシークエンシャルな展開は期待できない。与件を正確に反映したボリュームと、ジェネリックな外装パタンのバリエーションがあるだけである。

こうした方法論は、彼らのキャリアの初期にクライアントとなった不動産ディベロッパーとの対話が生み出したのではないかと思う。1990年代当時、オランダは景気がよく、量とスピードが求められた。その結果、余計なスタディをせず、ディテールを問わず、空間を問わない彼らの作風が確立したのである。

SKYCAR CITY (2007)

FARMAX (1998)

を主張しますし。コンセンサスによるポルダーモデルは、オランダの建築家の特徴です。

フランスのサルコジ首相は、世界の著名な建築家を集めて2030年のパリを想定した都市拡張計画プランを競わせました。MVRDVも招待されたのですが、この理由のひとつには、オランダ的なアプローチを重視する必要性を世にアピールする意味もあったと思いますね。フランスといえば、最近は変化しているにせよ、オランダから見ればまだまだ中央集権的な国です。オランダ建築は、ホリゾンタルな社会の中で形成されてきましたから。

—— 最後に、『FARMAX』はエクスカーション・オン・デンシティ、『KM3』はエクスカーション・オン・キャパシティでした。次はどんなエクスカーションになるでしょう?

WM：その質問は、僕自身への質問でありますね。エクスカーションというからには、どれも完成形ではないということです。いまいくつかのテーマについて考えていますが、未来都市のあり方についてリサーチをしているところです。そんなことから「エクスカーション・オン・フューチャー」という感じですかね。同時に『KM4』、『KM5』にも興味がありますね。つまり変化やスピードについてです。「ワッツ・ネクスト?」ということですね。どちらにしても「エクスカーション・オン・チェンジ」という意味合いになるかと思いますね。

そしてその方法論は、オランダという郊外＝「場所なき場所」に場所を構築する方法論へと発展した。「DATA SCAPE」や「REGION MAKER」といった研究は、データという抽象的なレベルでコンテクストの情報をつかみ、建築のフォーム（形態）を引き出すことで新しい場所性を引き出す方法論でもある。

筆者の提唱する「超線形プロセス論」や「批判的工学主義」は、彼らの方法論やスタンスに大いに影響を受けている。前者は模型の縮尺などフォーマットを揃えてあえて徹底的にリニアにプレゼンすることでプロセスを可視化する試みであり、後者は市場が求める量やスピードに対して単純な肯定でも、単純な否定でもなく、批判的に実践することで効率性と固有性を両立した第3の道を示し、場所性や公共性を引き出そうとする。

MVRDVはしばしば、政治的なアクションに巻き込まれる。彼らの設計論が、権力にアイコンとして消費されるのではなく、社会設計のレベルで具体的に活用されるとき、彼らの方法論はより大きな広がりを獲得するだろう。

（藤村龍至）

P.198

CONCEPT OF BY **UNSTUDIO** (2006)

MERCEDEZ BENZ MUSEUM

メルセデスベンツ・ミュージアムは、いくつかの空間原理を統合することで、新しいタイポロジーを生み出した。それは、美術館としての機能、周辺状況、建築自体の原理に属する疑問と関心に呼応した結果である。

設計にあたり、コンセプト・モデルとして、三つ葉のクローバーを採用している。クローバーの葉の構造を使い、３つの折り重なる円が重なりあう中心に、三角形のアトリウムを数学的に形づくっている。この中央のアトリウムの周囲を周遊することで、半円のフロアを行き来し、高さが交互に変化する。空間はそれ自体が展示の台座であり、鑑賞者自体もその台座の上を歩き進める。空間的に複雑なため、美術館の中ではコンセプト・モデルの三つ葉自体を体感することはできない。

この強力なモデルによって、インフラと展示スペース、プログラムと構造がすべて一元的にまとめられている。鑑賞者はタイムマシンのように上階から下階に至る展示スペースを時代順に秩序だって作品を鑑賞する。建物のヘリをつたっていけば、線がときに壁となり、天井や空間となる。線や面、ボリュームといった区別が曖昧になるが、実際に体験してみないことには、この建築的なアイデアがどのようなものかわからない。

建物はまるで非対称に重心を保つ彫刻のように、曲がりくねり、反転して現れる。すべての展示品と終わりなく曲がりくねった展示スペースを見て、建物全体像を手にとるには数時間・数日を要する。どんな地点に立っても、正確な位置を知るのはむずかしく、間違った場所の正しい空間ということもあり得るし、間違った空間の正しい場所ということもありうる。それは常に発見に満ちており、驚きを与えるが、けっして迷うことはない。

このような複雑な構成、しかもタイトな納期を解決するために、最新のコンピュータ・テクノロジーを使い、可能な限り完璧に幾何学的なコントロールを行った。デジタルに操作される幾何学を採用することで、あらゆる変更にすばやく効果的に対応でき、部分の変更がすぐさまほかの部分にどのように作用するかを把握することが可能となった。

TEXT BY BEN VAN BERKEL / UN STUDIO

➔ P.216

CONCEPT OF BY JOEP VAN LIESHOUT (2001)

AVL-VILLE

2001年、アトリエ・ファン・リースハウト（以下、AVL）は、自治村であるAVL-VILLEを実現した。この「FREE STATE」は、ロッテルダム湾にある自給自足の小さな村であり、アート作品がつくられる大きなワークショップである。

このプロジェクトは、単に鑑賞するだけのアートの形式を提供するのではなく、創作環境に暮らす機会を提供する。アンディ・ウォーホールのファクトリーが、日用品や日常のイメージをアートに変えたのに比べ、AVLではアート作品を日常へと変えてしまう。

この自由国家的なアイデアは、もともとオランダの都市アルメーレの開発の際に、AVLが提案したもので、アイデアが採用されなかったことから、リースハウト自身がアトリエの近くにアイデアを実現させることとなった。

AVL-VILLEでは、スタジオで働く人に住居を無料で提供する。建材費をAVLが支払い、従業員は自分たちで組み立てさえすれば、家賃もいらず、安く暮らせる。もちろんアーティストだけでなく、一般の人にも開かれている。こうしたFREE STATEの試みは、単に公共サービスに抵抗するわけではなく、官僚機構による規制に対し、「もっと実験のための空間を残すべきだ」というリースハウトの考えにもとづいている。

彼はAVL-VILLEの前にすでに、自給自足に関するアート作品をいくつも制作していた。可動式住居やコンテナなどによって、自立した住空間はすでに形をなしていたが、それまで移動式住居を制作してきた背景には、一時的な構造体には、法規制が適用されなかったからだという。また、リースハウトは、建築は基礎をもたずもっとダイナミックになるべきで、さらにはコミュニティ自体も動きまわれる柔軟性があってよいはずという考えでいる。

これは彼らがすでに所有していた農場に通じる考えでもある。そこでは有機栽培で食物が生産されており、木から植栽まですべてが可動式。AVL-VILLEでは、食物のほかアルコールや医療品までもが特殊なワークショップで生産されている。独自のエネルギー源を生み出す発電機や浄水システムに加え、独自の通貨を発行し、武器や爆弾、アルコールや医薬品のためのコンテナやホスピタルまでも備えた。彼らは生活に関わるすべてのインフラをアートとしてつくりあげ、外部のリソースから自立を目指したのである。

こうした一連の試みは、常にプラグマティズム（現実主義）がそのベースにある。解決法を探すが、単なる解決以上のものを求める。彼らが可動式住居など吹き付けのファイバーグラスの仕上げを好む理由が、丈夫で安く、実用的だからという点もまさにプラグマティックである。彼らはこうした現実主義をSOLVISMと呼び、それが彼ら独自のアートの生み出し方としている。

AVL-VILLEはユートピアではなく、あくまで実現されるべきものであるという点にも、リースハウトの現実的な姿勢が一貫しているといえるだろう。

この大規模なプロジェクトは、AVLのある時期の頂点を形づくり、成功と騒動を引き起こしたのちに、およそ8カ月後に幕を閉じた。

P.236

CONCEPT OF BY WEST 8 (1996)

BORNEO SPORENBURG

ボルネオ・スポーレンブルグは、アムステルダム湾岸部の東側に位置する、ふたつの半島である。この開発計画は、大スケールの湾岸エリアの開発であると同時に、1ヘクタールあたり100ユニットの高密度で、低層住戸2,500戸の計画が必要とされた。WEST 8は、計画全体のマスタープランを担当した。

計画には100人以上の建築家が参加し、個別の住宅を設計することから、WEST8は設計のための共通仕様を設定。3階建てで、大きなボイドを含み、仕上げにはレンガと木を使用するという基本原則を提案した。

3階建て住居の基本形を設定する上で、オランダのザイデルゼーにある水辺に面した古い村の街並みをヒントにしている。密接した小さな家屋が運河に降りるように並ぶ街並みを発展させ、どの住戸も水面に向き合い、地上からアクセスできる長屋的な住戸が想定された。これによって、高密度ながら高層化することなく、各住戸が地面に接し、道端の活気を感じて暮らせることを意図している。

各住区画には、プライベートな中庭と屋上庭園が各住戸ごとに割り振られている。パブリック・スペースとして通常設計されるこれらの要素を建物の内部に取り込む仕様は、アムステルダムの運河沿いにずらりと並ぶ、伝統的な住居（カナル・ハウス）の現代的な変形でもある。具体的には、30-50%の吹き抜けを確保する基本仕様により、フェルメールの絵画にあるオランダの生活風景のような、内外の陰影のコントラストが住居内にもたらされた。

このようなタイポロジーが連続がつくり出す広大な3階建て住宅の低層地帯には、ソシアルハウジングから高級アパートまで様々な住居形態が混在し、建築のバリエーションも確保されている。ファサードの変化、屋根の眺めの連続性、巨大な湾岸部のスケールのバランスが繊細に考慮された。各住戸の水辺りにボートが立ち並ぶ景色は、まさにオランダ的な風景でもある。

この低層地帯が基本となり、その中に巨大な高層住居が3つ配置され、エリアを分割している。3つの高層住宅は、街中を歩くとふと教会が見えてくるといった、オランダの旧市街のイメージを参照したもので、この島のランドマークでもあり、住人には湾岸エリアの眺望を提供している。このうちの1つに、デ・アーキテクテン・シーの「WHALE」*がある。

そのほか、WEST8は緑地を含めたランドスケープ、分割されたエリアを近隣としてつなぐ彫刻的な3本の橋も設計している。

*P246 +/PLUS参照

Salman Frits van Dongen Wim Kloosterboer Rapp Arne van Herk Cees Christiaanse Böhmer Herman Zeinstra Van Berkel &

→ P.224

CONCEPT OF

BY REM KOOLHAAS (2006)

CCTV HEADQUARTERS

中国中央電視台（CCTV）は、2008年の北京オリンピック開催の時期を目処に計画されたテレビ局の本社社屋である。北京の中心部、乱立する高層ビルの一帯の中に配置された。テレビ制作の機能を１カ所に集約させた本社社屋には、文化施設とホテルのコンプレックス(TTCV)が向かい合い、周囲のランドスケープ計画がその周囲を覆っている。

その目を惹くアイコニックな形は、連続するループ状の空間を構成する構造的なチューブであり、この2つが組み合わさることで、アクティビティとプログラム、そして構造をうまく一体化させている。CCTVのコンセプトは、その形が最もよく表している。

テレビ局の主な仕事は、番組制作に関わる機能、番組制作と報道、管理と経営の、リサーチと研修、技術と放送の全業務がある。テレビ制作に関わるこの４つの大きなプログラムと１万人以上の人間が24時間体制で行き来するアクティビティの問題は、２つのツインタワーの高層ビルの上下を相互につなぐことによる大きなループ状の動線によって連続的に担保されている。それぞれが分断せずにリンクし、始まりも終わりもない状態をかたちづくる。レム・コールハースは、そのループ状態について、こう述べている。

「手先と頭脳がつながった(逆もまたしかり)の体制。経営者と従業員の間に上下関係（ヒエラルキー）は存在するも、建物は単純に部署別に仕切られるのではなく、社交の場と食堂、会議室をそなえる共有動線のループとなる。建物の輪郭を生かしたループのおかげで、部署間の交流や接触の機会は促進される。建物の構成は、垂直形というよりは、連続型である」

これによって２つのビルを、様々な人や要素が有機的に循環する、新しい高層ビルのタイポロジーを生み出した。超高層は、単に土地を経済性の問題から垂直方向に反復させていくことが多くなる。その中でCCTVは、機能的かつアイコニックな形で、その存在感を示すこととなった。

この形状によって、構造的な問題も同時に解決されている。構造設計を担当したオブ・アラップ・パートナーズのローリー・マクゴワンは、以下のように説明をしている。「CCTVは４つの構造要素からなり、それらが組み合わさって１本の四角いチューブがつくられる。２本のタワーは、それぞれ６度ずつ傾斜しながら、頂部のL字型の張り出し部分にもたれかかり、互いによりそうようにして立つ。タワーの足下は、張り出し部分とは逆向きのL字によって地面にがっちり固定されている。この基部のおかげでタワーの剛性は、大きく向上し、最大負荷にも耐えるようになる」。

ファサードの表面を覆うのは、３角形に編まれた構造メッシュである。これがCCTVの内部の主構造としてチューブを構成している。このチューブが、メガストラクチャとして働き、剛性、余剰力、堅牢性、ねじれ体制などの利点が保たれ、ファサード、屋根、裏面とすべての面から荷重が散らされている。

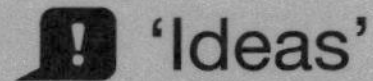

'Ideas'

"The concept is the leading principle that directs the results of our design."

NEXT ARCHITECTS P.182

'Imagination'

"For me it is important to keep the imagination stimulated when designing, and then to direct and instrumentalise the ideas in the right combinations."

BEN VAN BERKEL (UN STUDIO)
P.200

'Craftsmanship'

(mastering techniques)

"Design and preparation for casting techniques are complex but the result can be unique and simple."

VINCENT DE RIJK
P.206

QUESTION 3

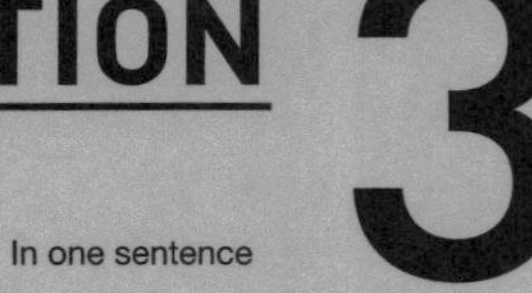

ARCHITECTURE

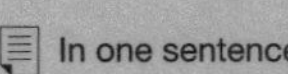

In one word In one sentence

'Realism'

"We aim to create new possibilities and beauty starting from reality."

POWERHOUSE COMPANY
P.172

'Site Specific'

"IO joins the architects' team in a building or urban master plan project from Conceptual Phase through Design Development, Tender & Construction Phases, until our very tactile interventions (curtains, carpets, wall coverings; gardens, parks or city plans) are installed with great detail and care on site."

PETLA BLAISSE (INSIDE OUTSIDE)
P.196

"Importance of the way we make architecture is the way itself
(making the road by walking it)"

ONIX P.236

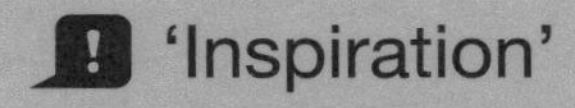

SEARCH P.178

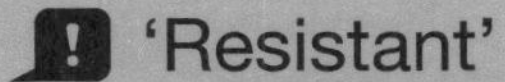

"The projects of Wiel Arets Architects stand as evocative experiments at the intersection of the mental and the physical...
with a resulting compositions remaining open to multiple iterations
– Anthony Vilder."
(Applicable in the sense that our work tends to resist categorization-)

WIEL ARETS P.213

WHAT IS THE 'CONCEPT' OF YOUR DESIGN METHOD?

質問：あなたの制作手法におけるコンセプトとはどのようなものですか？

"The works of art are practical, uncomplicated and substantial."

JOEP VAN LIESHOUT
(ATELIER VAN LIESHOUT)
P.216

'Human'

"Creating clarity from complexity and order out of chaos."

JO COENEN
P.234

'Integral Design Approach'

"With an integral approach (combining architecture with urban planning, infrastructure, sustainability and social and cultural issues)
complex design projects can boost communal life and livability of the neighborhood."

VENHOEVEN CS P.244

'Free Thought'

"Conceptual means freedom of thought, imagination and interpretation, room for the instinctive, for the artistic invention, the phase in which the issue can be viewed free of the weight of restrictions, regulations and demands of third parties, released into the process as it develops further (which in itself is not a negative thing as this creates a framework of necessities that steers a concept towards a multi-layered design, rich with meaning, depth, technical intelligence, flexibility and beauty)"

PETRA BLAISSE
(INSIDE OUTSIDE)
→ P.196

"The word conceptual means mostly an awareness in every part of the process and therefore to be able to keep in contact with the architecture."

ONIX → P.236

QUESTION 4

ARCHITECTURE

In one word  In one sentence

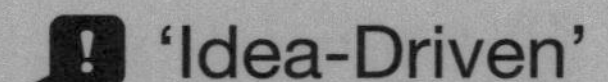

'Idea-Driven'

"We see 'conceptual' as an approach in which the basic and initial idea is the main ground for every design decision."

NEXT ARCHITECTS → P.182

"Conceptual is not a word that comes into mind within the design process. The recurring fascinations autarky, power, politics and sex are in a way the starting point for all the works."

JOEP VAN LIESHOUT
→ P.216

'Innovation'

SEARCH → P.178

'Invention'

"As we create and communicate new ideas and concepts, we invent new realities and possibilities of use."

POWER HOUSE COMPANY
→ P.172

‘Social, Cultural and Environmental Awareness’

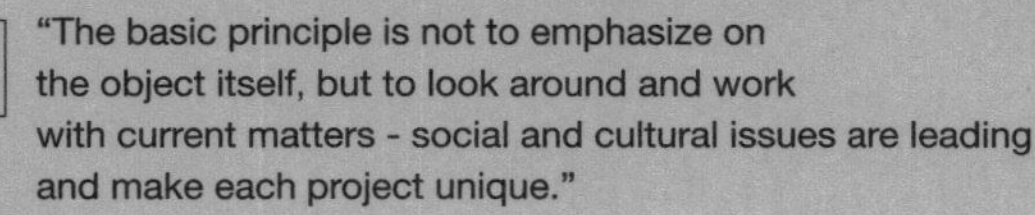

“The basic principle is not to emphasize on the object itself, but to look around and work with current matters - social and cultural issues are leading and make each project unique.”

VENHOEVEN CS

➘ P.244

‘Clarity’

“Conceptual” is visualizing your intention in a direct and simple way. ”

VINCENT DE RIJK

➘ P.206

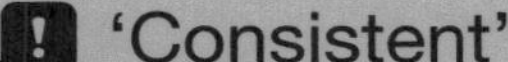

‘Consistent’

“The work of Wiel Arets Architects involves a high level of intellectual complexity whilst also being very concrete, and aims at the majority of people with modesty and attention. – Alberto Alessi.”
(Applicable in the sense our work is consistent in its design process)

WIEL ARETS ➘ P.212

HOW DO YOU DEFINE THE WORD ‘CONCEPTUAL’?

質問：あなたにとって‘コンセプチュアル’という言葉の意味とは何ですか？

‘Too linguistic’

“In relation to architecture and design, the word ‘conceptual’ refers to a time and style from the end of the last century, whereby it takes on a very linguistic and restricted interpretation. Often the ‘conceptual’ is used as a kind of emblem, or camouflage to describe something that may not be very interesting on other levels. The interaction of form and language; the actuality of architecture and the linguistic, need to go hand in hand in order to create architecture that is both theoretically and physically fascinating.”

BEN VAN BERKEL
(UN STUDIO)

➘ P.200

‘Noble Aim’

“The idea behind every design although soon shaded by everyday reality. A touch of it still recognisable at the end of the process makes it worth trying over and over again.”

JO COENEN ➘ P.234

POINT OF VIEW

BY NAOMI SHIBATA

THE DESIGN OF 'GENEROSITY' DERIVED FROM 'LOGICAL STORIES'

ロジカルなストーリーが生みだす寛容なデザイン

オランダの建築とグラフィックデザインの共通点は、ともにとても分かりやすいプロセスを経ている点がまず挙げられる。ともすれば形態の奇抜さのみに目を奪われがちであるが、その形態を導きだすプロセスにこそ、注目したい。

評論家のバート・ローツマが90年代に起きたオランダ建築ブームをまとめた『SUPER DUTCH』(2000年)。この本の表紙になった「100WOZOCOS」(1997年MVRDV設計)は、驚くほど飛び出た住戸で有名なもの。100の住戸が求められていた敷地には、日照権条例に倣うと87戸しか収まらず、緑地やオープンスペースを削る代わりに13戸がキャンティレバーで吊るされた。

彼らが与条件を解くプロセスは、ひと続きのストーリーになっていて、まるで建築自体が自身をデザインするかのように見える。このようなストーリーを生みだせるコンセプトを見つけ出すことがMVRDVの設計手法といえそうだ。それは美学や感覚といった曖昧なものに根ざしていないので、その発展は自由に様々な状況に適応できる。

オランダの建築家たちはクライアントへのプレゼンテーションや内部資料として冊子を作成することが多く、それは、頁を繰るという動作がプロセスに支えられた彼らのコンセプトを説明するのに最も適した手法であるからなのだろう。ストーリーを説明できること、が同時に形態を強くする。建築もグラフィックデザインもクライアントがいてこそ、社会に生み出すことができるが、始めは形の奇抜さに驚くクライアントにも、そのデザイン・プロセスのストーリーを説明することで納得してもらうことができる。

グラフィックデザイン事務所トニックは、彼らのデザイン・コンセプトをAVENIRとFUTURAというフォントで説明する。どちらも幾何学を元につくられたサンセリフ体でよく似ているが、彼らが好むのはAVENIRだという。FUTURAが円と直線でできているのに対し、AVENIRは楕円や曲線が足されて、ほんの少し手書きの頃のテイストが足されている。その合理性と人間味のさじ加減がトニックのデザインと重なるところがあるという。

同様にMVRDVのロジカルに展開される設計手法も、様々な要望に合わせて柔軟に対応するおおらかさが残されている。

ロジカルなストーリーの中に、人間的な暖かさが入る寛容さが残されていること。実はこの寛容さが建築においてもグラフィックデザインにおいても最もオランダらしくしている要素ではないだろうか。

(柴田直美/編集者・デザイナー)

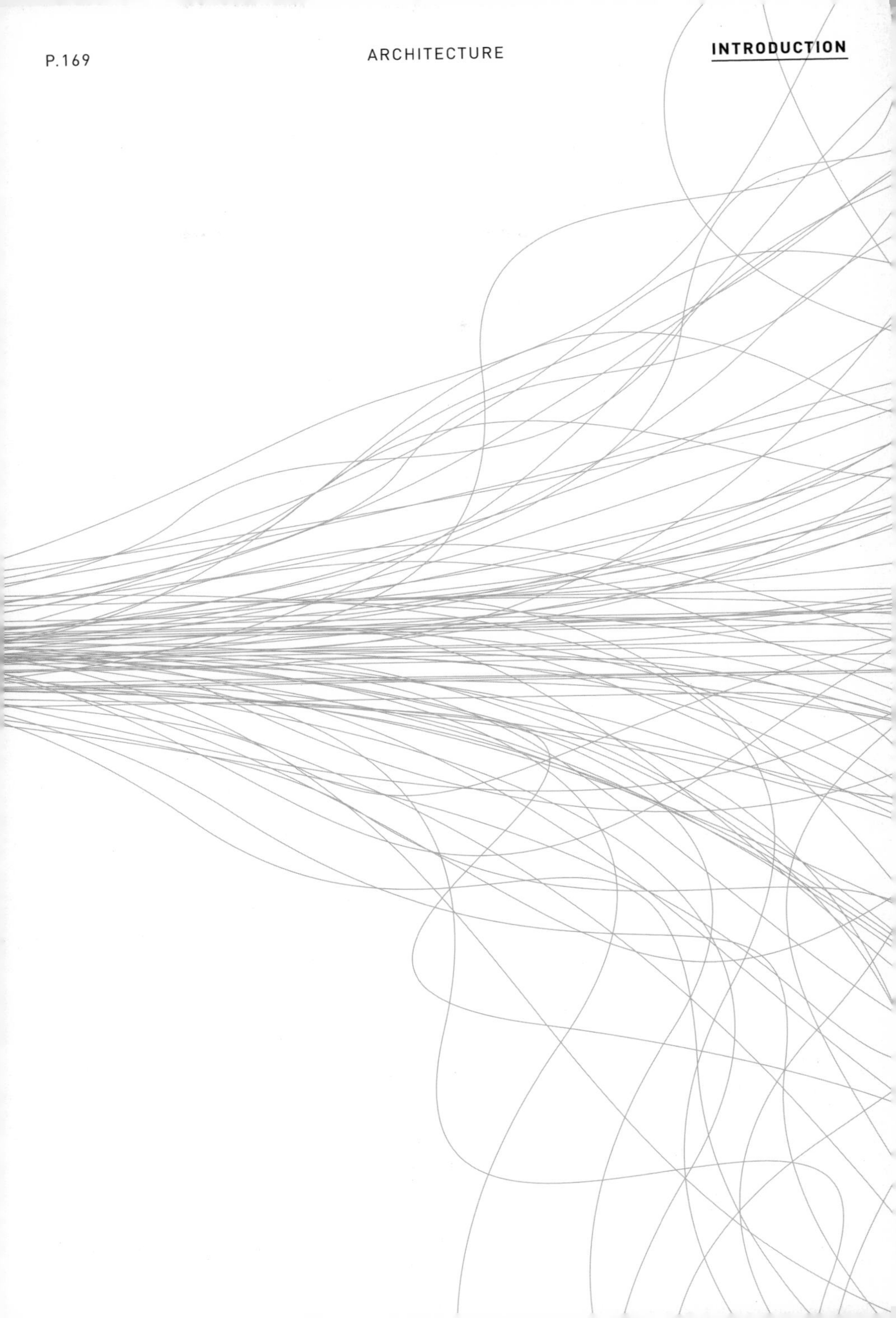

ARCHITECTURE

DUTCH ARCHITECTS & THEIR WORKS

オランダは、古い街並みの保存を基本とする欧州のなかでは珍しく、90年代以降、まれに見る豊かな幅をもつ建築家群を輩出してきた。不景気の時代に建築家の機会創出を支えたソシアルハウジング政策、建築博物館（NAI）が主導する展覧会、作品集の出版に対する助成などの状況の上に、OMAやMVRDVをはじめとする次世代の建築家たちは世界的な知名度を獲得した。彼らのオランダ建築を特徴づける「明瞭」で「大胆」な建物は、過去から積み上げられた合意形成のための開かれたプロセスから生まれたものであり、「かたち」の統合にも応用される手法でもある。その背後には「平地」的な視点にもとづくポルダーモデルがある。対等な対話はもとより、建築の内外、土地と建物までも同列な要素として扱う視点は、人材起用の面でも発揮され、1人の指揮者の計画のもと、様々な建築家が参加する都市計画の仕組みも続いている。

オランダ独特のフラットな現実認識を語る上で、戦後に勃興する「オランダ構造主義」も見逃せない。ル・コルビュジェらによって発足したCIAM（近代建築国際会議）のオランダ代表であったアルド・ファン・アイクとヤコブ・バケマらは、要素間のヒエラルキーなく、細部が全体を有機的に生成する視点に立ったオランダ構造主義を牽引した。彼らは国際建築家集団チームX（テン）に参加し、機能主義に対する批判的立場に立ちながら、20世紀半ば以降、オランダ建築教育の流れを主導する。レム・コールハースが登場したのは、そうした構造主義がオランダを支配するムードの最中だった。1970年代、『錯乱のニューヨーク』で、自身を都市のゴーストライター（メタな存在）として、マンハッタンを記述したコールハースは、パリの「ラ・ビレット公園案」のモザイク状の造園計画で注目されて以降、オランダにデコンの流れを持ち込む。コールハースは、それ以前のオランダの「平地」的な方法の外部的な視点に立ち、「編集」的な抽出によって再構築の種を蒔きながら、オランダのコンセプチュアルな建築家を続々と孵化させたのである。現在は、このほかにもOMA出身で90年代に活躍した建築家たちの事務所から若手が独立しはじめ、いわゆる第三世代を形成し、新たな局面を見せつつある。

このように多種多様な人材が生まれる土壌の背景には、オランダに強力なモダンの巨匠が不在だったことがあるようにも見える。H.P.ベルラーヘによるアムステルダム派と芸術運動デ・ステイルをはじめ、オップバウやデ・アウト（DE 8）などが、戦前の同時期にオランダ各地で切磋琢磨し、オランダ機能主義を育んだ。その歴史も現在の下敷きとなっている。

一連の流れを俯瞰してみるなかで、オランダ独自のコンセプトとは、様々な要素や差異を媒介し、「かたち」や「人格」として統合する「メディウム」であることが見えてきた。それは、現実の差異をカッコに入れて「フラット」に扱うメタな世界の認識操作の「媒体」であり、それゆえにこの国の議論や対話をベースとしたプロセスには不可欠な要素だったのだ。

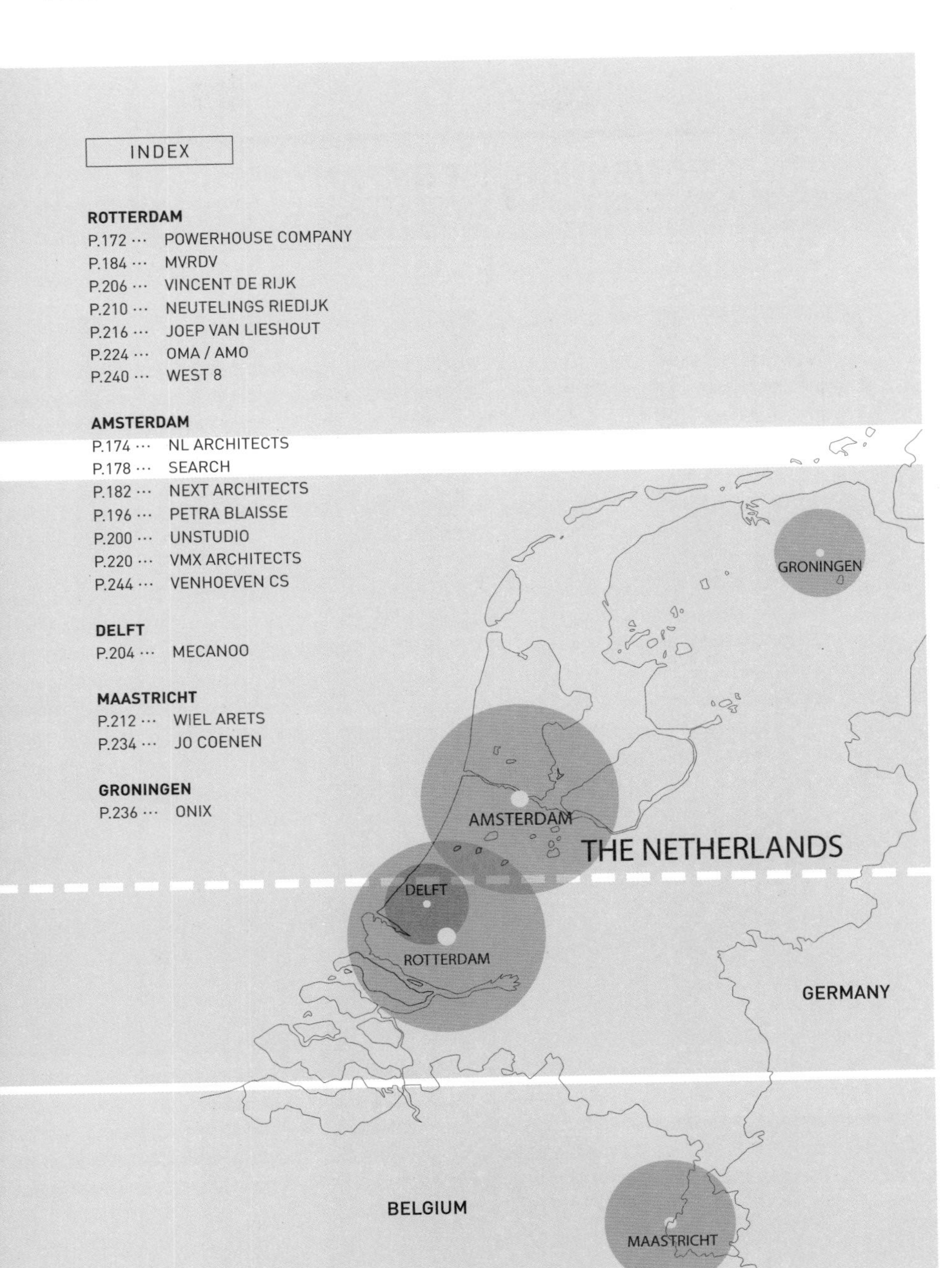
INDEX
ROTTERDAM
P.172 ··· POWERHOUSE COMPANY
P.184 ··· MVRDV
P.206 ··· VINCENT DE RIJK
P.210 ··· NEUTELINGS RIEDIJK
P.216 ··· JOEP VAN LIESHOUT
P.224 ··· OMA / AMO
P.240 ··· WEST 8
AMSTERDAM
P.174 ··· NL ARCHITECTS
P.178 ··· SEARCH
P.182 ··· NEXT ARCHITECTS
P.196 ··· PETRA BLAISSE
P.200 ··· UNSTUDIO
P.220 ··· VMX ARCHITECTS
P.244 ··· VENHOEVEN CS
DELFT
P.204 ··· MECANOO
MAASTRICHT
P.212 ··· WIEL ARETS
P.234 ··· JO COENEN
GRONINGEN
P.236 ··· ONIX
GRONINGEN
AMSTERDAM
THE NETHERLANDS
DELFT
ROTTERDAM
GERMANY
BELGIUM
MAASTRICHT

パワーハウス・カンパニー

POWERHOUSE COMPANY

ESTABLISHED in 2005 / ATELIER in ROTTERDAM

VILLA 1
(NETHERLANDS ／ 2007)

Y字型の平面の住宅。北東に配置された２つの書斎は、木製家具で仕切られる

ベルラーヘ・インスティテュートでともに学んだフランス人シャレル・ベサール（1971年生）とオランダ人ナン・デ・ル（1976年生）によりロッテルダムとコペンハーゲンに設立。ベサールはジャン・ヌーベル事務所、デ・ルはAMO/OMA出身。2008年にミース賞、2009年にマーカス賞にノミネート。

既存住宅の増築。躯体がくの字に曲がり屋根の高さにつながる

SPIRAL HOUSE
(FRANCE, BURGUNDY／2009)

人1人分の高さに持ち上げ、中庭と外部を連続させた

エヌエル・アーキテクツ

NL ARCHITECTS

ESTABLISHED in 1997 / OFFICE in AMSTERDAM

WOS8
(NETHERLANDS, UTRECHT／1998)

エネルギー・リサイクルシステムの施設の外側に、簡便なスポーツ用の設備を付加するというコンセプト

近隣の住人が遊べるように、壁面に無数のクライミング用グリップが取り付いている

東側に唯一設けた窓にバスケットゴールを設置

デルフト工科大学でともに建築を学んでいたカミル・クラーセ(1967年生)、ピーター・バンネンベルグ (1959年生)を含む4人により設立。「WOS8」や「BASKET BAR」バスケット・バーなどが代表作。ある仕掛けを発想することによって、日常をふと非日常に変えてしまうデザインが秀逸。

BASKET BAR

(NETHERLANDS, UTRECHT／2002-03)

屋上のバスケットコートのサークルの動きが透けて見え階下のバーに伝わる設計

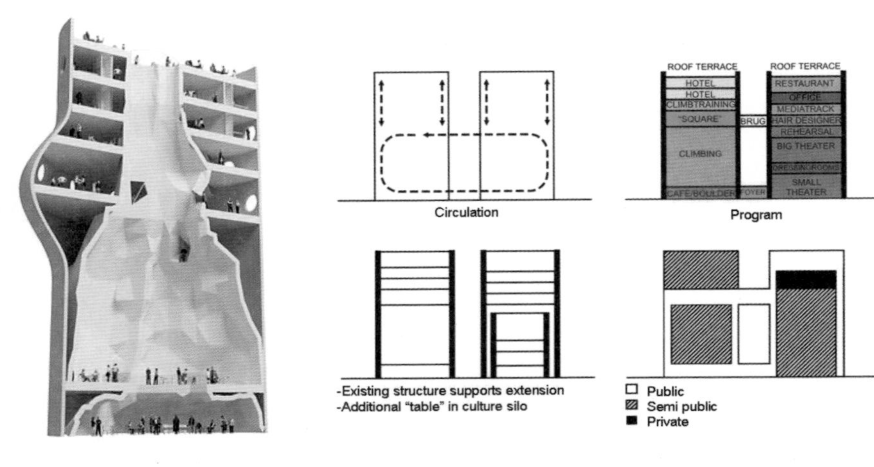

SILO COMPETITION PROPOSAL
(2009)

サイロのリノベーション案。１棟は、クライミング用アトリウムを内部に有する

もう１棟は、シアターなどを含む文化複合施設として計画。２棟のサイロは中央で連結され、行き来ができる設計

FUNEN
(NETHERLANDS, AMSTERDAM／2009)

10戸の住戸を収容する集合住宅。屋上緑化され、丘のような傾斜をもつ

地面をくり抜いたような外観

VIRTUAL REALITIES BIENNALE
(2008)

ヴェニス建築ビエンナーレで発表した仮想現実的なスタディ。実際にはありえないことを考えてみることで、問題提起をする

サーチ

SEARCH

ESTABLISHED in 2002 / ATELIER in AMSTERDAM

WOZAK (NETHERLANDS, ZUTPHEN ⁄ 2004)

ビヤンヌ・マステンブルック（1964年生）とアド・ボゲルマンによって設立され、現在はビヤンヌとウダ・フィッセルが率いる。2007年、エチオピアオランダ大使館がアガ・カーン建築賞を受賞。建築から都市計画までコンテクストや自然を活かしたダイナミックな設計が特徴。

既存の農家に対しT字型に増築された住宅。木材とガラスを用いたファサードは、内部の居室を反映し仕上げが異なる

VILLA VALS (SWITZERLAND, VALS ／ 2009)
敷地内にある既存の古い納屋

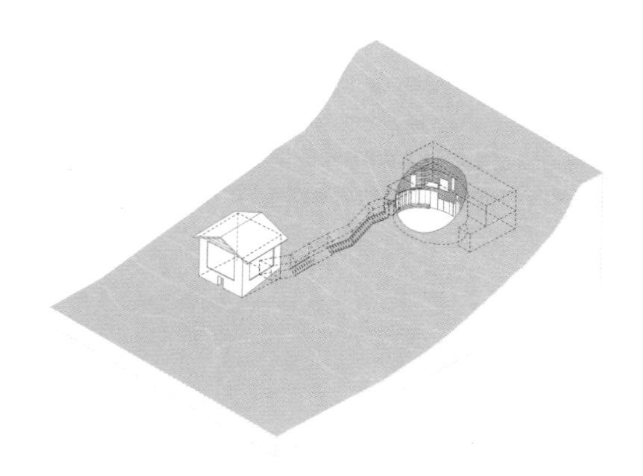

納屋の内部から地下通路を経由して住宅へつながる計画

新設された住宅は、アルプス山脈の傾斜地をくり抜き、埋め込むように建てられている。居室は地下に広がっている

展望塔の最上階には森林から採取された木々が植えられ、森全体が見渡せる。周囲の情報をうまく取り込んだ設計

FOREST TOWER
(NETHERLANDS, PUTTEN／2009)

ネクスト・アーキテクツ

NEXT ARCHITECTS

ESTABLISHED in 1999 / OFFICE in AMSTERDAM

VILLA OVERGOOI (NETHERLANDS, ALMERE／2008)　各住戸が２階に展望部屋をもち、周囲の眺めが得られる

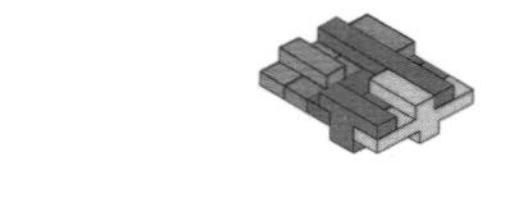

5つの住宅ボリュームが90度ずつ回転し、互い違いに絡み合うコレクティブハウス

ともにデルフト工科大学で学んだバート・ルーセル（1972年生）ら４人により設立。設立時よりリサーチと実践が相関する設計を行う。都市リサーチの一方で、ドローグのためのプロダクトから、建築、ランドスケープのデザインまで手がける。北京にも事務所がある。

BRUDGES GKABERBEEK
(NETHERLANDS, GLANERBRUG／2007)

バス・歩行者・自転車に適した通路を大胆に分離させた橋

BICYCLE FENCE: PROTOTYPE
(2001)

フェンスで公私の境界を考えるドローグのためのスタディ

エムヴィアールディヴィ

MVRDV

ESTABLISHED in 1993 / *OFFICE in* ROTTERDAM

DIDDEN VILLA (NETHERLANDS, ROTTERDAM / 2006)

ヴィニー・マース（1959年生）、ヤコブ・ファン・ライス（1964年生）、ナタリー・デ・フリイス（1965年生）により設立。ヴィニーとヤコブはOMA、ナタリーはメカノー出身。毎回、本として出版される彼らのリサーチは、都市問題の解決によるサスティナブルな都市像の提案。

ロッテルダムの古い建物の屋上に増築された住宅。ブルーの外観は都市空間の有効利用を提案するメッセージでもある

MIRADOR (SPAIN, MADRID ／ 2005)

中庭のある平面形状をそのまま垂直方向に立てた結果、集合住宅の地上40mの位置に広場が生まれた。外観の色は居室タイプの違い

BUITENPLAATS YPENBURG HAGENEILAND
(NETHERLANDS, THE HAGUE ／ 2003)

規格住宅を群島に見立てて点在させ、住戸ごとにボリューム、プランや仕上げの変化を叶えた

表参道にある商業ビル。コンセプトは「スワール（渦巻き）」。建物に中心軸を据え、ねじることで各階が異なる平面構成を実現した

GYRE (JAPAN, TOKYO／2007)

VILLA VPRO (NETHERLANDS, HILVERSUM／1997) 斜路やうねる床により、オフィスの上下階をコンパクトに接続

EXPO 2000 NL PAVILION
(GERMANY, HANNOVER／2000)

垂直方向に建築を伸ばすことでオランダの人口過密の解決を提案。同時に人工的な環境下での自然再現を考えたハノーバー万博のパビリオン

100 WOZOCOS
(NETHERLANDS, AMSTERDAM／1997)

高齢者のための100戸の住戸を収容した集合住宅。極端なキャンチレバーによって容積率の問題をクリアした

DIVERSITY & DENSITY

OMAやex.OMAの登場で建築はオランダの輸出産業になった。しかし、ローコストをはじめとするオランダ建築の特徴は、地元オランダでこそ活きる。アムステルダム郊外の最新開発を通してオランダ建築の現在地を確かめたい。

MVRDVによるコンセプト模型。色とりどりの異なるボリュームのブロックが連なる

URBAN BEADS
www.mvrdv.nl/

アルメーレの模型を前にオリエンテーションを受ける25組の建築家

PLANS BY YOSHIMURA FOR URBAN BEADS
www.ysmr.com/

吉村靖孝による２棟の集合住宅。バルコニーでファサードをつくる

BORNEO-SPORENBURG
www.west8.com

WEST8による、ボルネオ／スポールンブルグ島の計画

ダイバーシティとデンシティのニュータウン

アムステルダムから北へ向かうNSに乗ると、早々に幾何学的な農園風景が現れ、やがて砂丘を思わせる荒涼とした干拓地に滑り込む。ランドスタット最北の地、アルメーレへの旅はわずか20分である。この地の利を活かし、アムステルダムのベッドタウンとして開発されたのだが、中央駅周辺でOMAによる市街地再開発計画が進み、独自の核を備えたコンパクトシティへと生まれ変わりつつある。

さらに2006年には、先ほどの砂丘の一角、アルメーレ・ポールト駅周辺にMVRDVのマスタープランによるあたらしい街ができる。彼らは都市計画によるゾーニングを引き継ぎながら、各建物を全90棟まで細分化し、それらの設計者として世界各地から25組の建築家を招聘した。「アーバン・ビーズ」と名づけられたこの計画では、日本からもアトリエ・ワンと僕がそれぞれ2棟ずつ担当する予定である。

わざわざ混沌とした街並みを目指すとは奇異に響くかもしれないが、前例がないわけではない。様々な建築家の作品が、軒を連ねた「ボルネオ／スポールンブルグのタウンハウス（1996年）」の成功以降、建築家によるデザインの固有性を利用して街並みに多様性を織り込む計画が大流行しているのだ。しかし、小さなタウンハウスをただ拡大しただけの巨大ハウジングブロックが多く、MVRDVは今回これらの問題点を丁寧に洗い出している。具体的には、建物の高さ、階高、用途、デザインコードがバラバラになるようあらかじめ設定し、200㎡の戸建てから6,000㎡の高層棟までを大胆につなぎ合わせた。

干拓によって人工的に土地を拡大してきたオランダでは、徹底的に抗わないかぎり、均質さが「ダイバーシティ」を飲み込んでしまう。また人口が多く土地が貴重なため「デンシティ」という先天的な課題がある。この2点はMVRDVのコンセプトの両輪であり、「アーバン・ビーズ」はその集大成となるだろう。

文・吉村靖孝（建築家）

ペトラ・ブレーゼ

PETRA BLAISSE

ESTABLISHED in 1991 / ATELIER in AMSTERDAM

劇場の改修に伴い、緞帳など4つのカーテンをデザイン。既存のクラシカルな装飾や色彩と増築された建物の対比を活かすため、各所の由来や機能に合わせて多様な色彩、素材、技術を使用

オフィス名のとおり建築の「内側（インテリア）」と「外側（ランドスケープ）」をデザインする事務所「INSIDE OUTSIDE」を主宰。アートスクール出身のペトラは自由な発想で、建築内外の場の境界をデザイン。プロセスの試行錯誤と幅広い専門家たちとのコラボレーションを重視する。

多数のスケッチでアイデアをつめていく

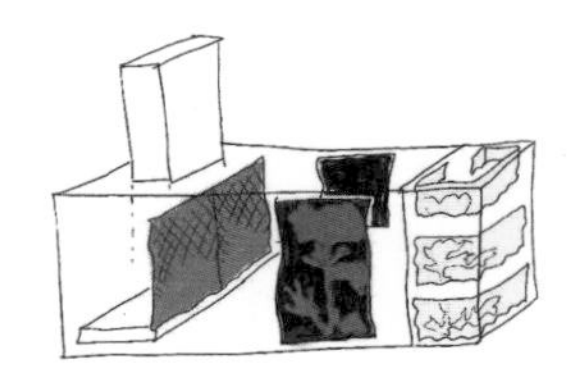

館内におけるカーテンの位置関係の検討

プロトタイプにより仕上がりの質を確認

RESTORATION REVISED
(UK, LONDON / 2005)

VILLA MANIN
(ITALY, CODROIPO ／ 2005)

庭園内を歩く人々がもつ鏡面の傘は緑を映すパーソナルパビリオン。円形の鏡は庭にも点在。インスタレーション作品

WATER RECIPE GARDEN
(QATAR, DOHA ／ 2008)

OMAによるドーハの中央図書館のランドスケープをデザイン。植栽の周りを窪ませて風を防ぎ、木陰と憩いの場を提供

HAUS DER KUNST
(GERMANY, MUNICH / 2007)

吸音、光吸収、室温調整、防火の性能を満たすために、複数の素材でつくり上げたホール用のカーテン・システム

ALMERE SWAMP GARDEN
(NETHERLANDS, ALMERE / 2007)

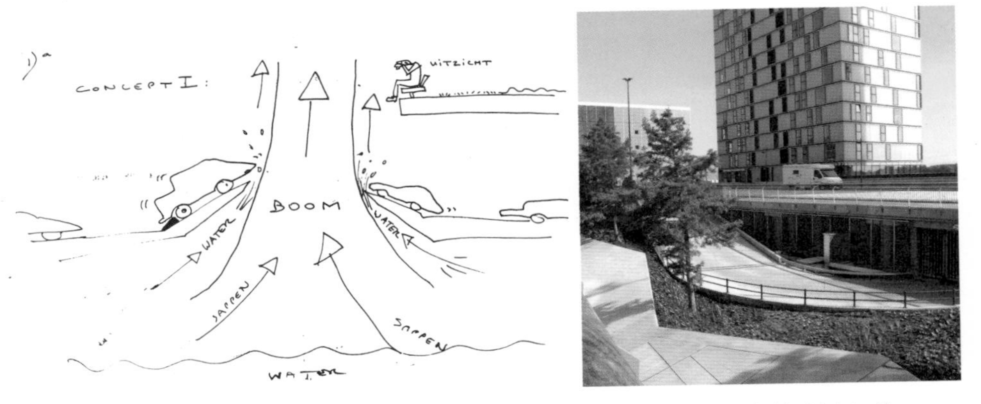

湖に隣接し水面より下位に位置するため、水圧でコンクリートが裂けて、地下から割れ出た植栽が広がるイメージ

ユーエヌ・ストゥディオ

UNSTUDIO

ESTABLISHED in 1988 / *OFFICE in* AMSTERDAM

音楽大学の学部棟とミュージック・ホール。メッシュ素材の外側が光によって建物の見え方を変化させる

MUSIC THEATRE
(AUSTRIA, GRAZ ／ 2008)

メッシュに施されたグラフィック・パターン

主宰者の1人、ベン・ファン・ベルケル（1957年生）はリートフェルト・アカデミー、ロンドンAAスクールで建築を学ぶ。「メビウス・ハウス」、ロッテルダムの「エラスムス橋」、「メルセデスベンツ・ミュージアム」などが代表作。3Dダイアグラムが生み出す三次元曲面による空間が特徴。

ホール内の音響効果を考えてデザインされたグラフィックは、ファサードメッシュの上にも使われている

3つのフロアを融合するコンクリート造の彫塑的な大階段「ツイスト」

THEATRE AGORA
(NETHERLANDS, LELYSTAD ／ 2007)

街のアイコンとなるように設計された、色彩と幾何学形状が際立つ作品。屋根の各面には色調が微妙に異なる鋼材が用いられている

大ホールの音響壁も幾何学モチーフ。外周の鋼板はRCの躯体の外に組まれた鉄骨フレームに張り付く

VILLA NM (USA, NY／2009)

なだらかな傾斜地に沿い上下階のボリュームを回転した別荘。周囲を360度見渡せる

MERCEDES-BENZ MUSEUM (GERMANY, STUTTGART／2006)

建物内を旋回するスロープに沿って鑑賞する美術館。アトリウムに自然光が降り注ぐ

メカノー

MECANOO

ESTABLISHED in 1984 / *OFFICE in* DELFT

LIBRARY TECHNICAL UNIVERSITY DELFT
(NETHERLANDS, DELFT / 1998)

'60年代にチーム10の建築家が設計した三角錐のアトリウムを覆うように芝生を持ち上げ、下に図書館を設計した

ディレクターのフランシーヌ・ハウベン(1955年生)は、COMPOSITION、CONTRAST、COMPLEXITYをヴィジョンとし、適切なマテリアルで形態と情緒を巧みにまとめる。第1回ロッテルダム建築ビエンナーレのディレクター、アルマーレ市のシティ・アーキテクトなどを歴任。

BUSINESS INNOVATION CENTER
(NETHERLANDS, NIJIMEGEN／2008)

ファサードは、酸化処理されたアルミの壁の間に、モザイク状にガラスが配置されている。人を招き寄せるようにくの字に湾曲したアイコニックなオフィス・タワー

NATIONAL HISTORIC MUSEUM
(NETHERLANDS, ARNEM／IN PROGRESS)

6層がランダムに積み重なった歴史博物館の計画案。内側に大きなヴォイド

ヴィンセント・デ・ライク

VINCENT DE RIJK

BORN in 1962 / *ATELIER in* ROTTERDAM

REX LOUISVILLE
(2007)

建築集団REXの高層ビルのコンセプト模型

OMA WHITE CITY (2005)

アクリルによる透明感でWHITE CITYを表現。光が回り白く輝く

デザインアカデミー・アイントホーヘンを卒業し、デザイナーとして自身のプロダクトを制作するほか、OMAの模型制作で知られる。鋳造された樹脂や石膏技術を建築模型制作に使う第一人者であり、モノとしての強度ある模型は建築に引けを取らず、ピュアにコンセプトを具現化。

REX / OMA DALLAS THEATER
(2006)

1/50の劇場模型。内部に配線し詳細に再現

OMA / SEARCH I.C.C. (2008)

ハーグの国際刑事司法裁判所のための法廷部分模型の鋳造プロセスとサンプル

BV BOWL, CERAMICS AND POLYESTER (1988)
セラミックをポリエステル樹脂でくるんだボウル

TABLEWARE (2003)
垂直水平に変形させた54の異なったセラミック

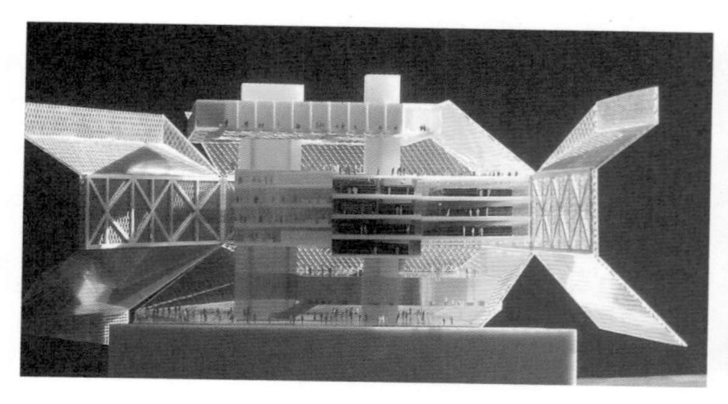

OMA SEATTLE PUBLIC LIBRARY (2000)
樹脂とメッシュが組み合わされた断面模型

OMA CCTV (2002)
石膏でできたCCTVと木材でできたTVCC

HOBOKEN MODEL (2009)
シリコンを流すための鋳型のレリーフ模型

OMA HAMBURG (2004)
白いアクリルで透過する構造体を再現した

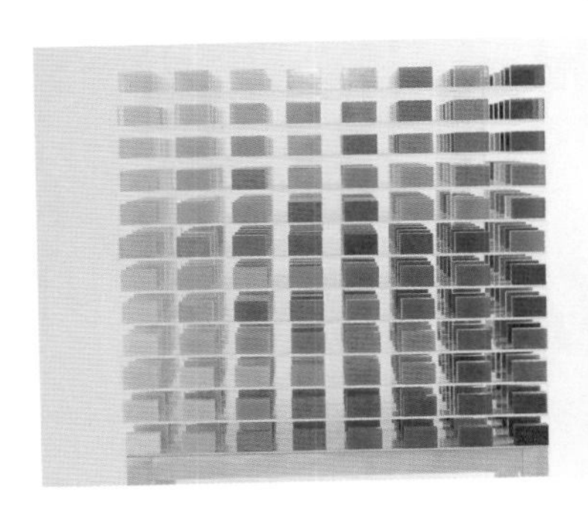

OMA PRADA COLOR SAMPLE (2008)
プラダの壁面デザインのためのカラーサンプル

MVRDV TURIJN (2006)
コンペ用の模型。色と素材で細かくつくり込む

ノイトリングス・リーダイク

NEUTELINGS RIEDIJK

ESTABLISHED IN 1987 / OFFICE in ROTTERDAM

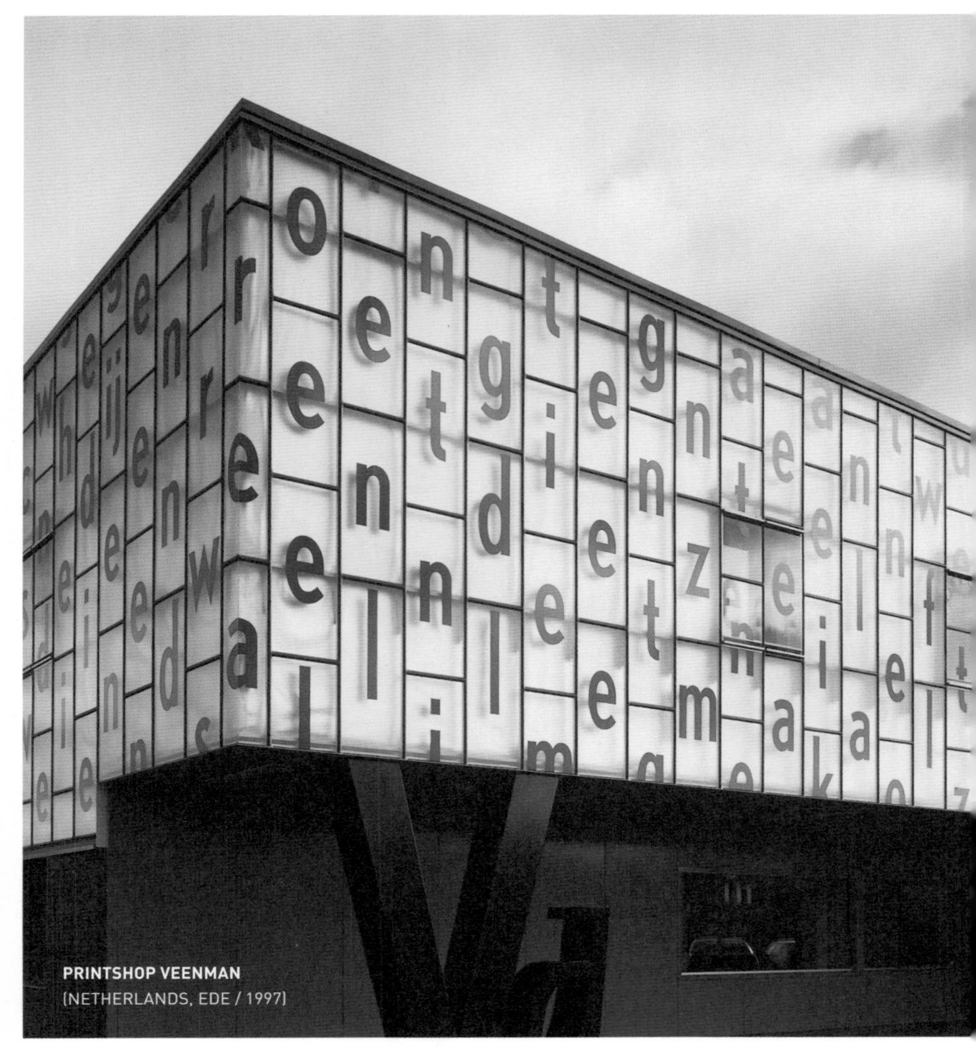

PRINTSHOP VEENMAN
(NETHERLANDS, EDE / 1997)

シルクスクリーンに詩をプリントしたファサードは、カレル・マルテンスのグラフィック。印刷工場兼オフィス

ウィレム・ヤン・ノイトリングス(1959年生)は、デルフト工科大学で学ぶ。OMA出身。1992年よりミヒール・リーダイク（1964年生）が加わり現在の事務所名に。ロジカルなプログラム分析に基づくマッシブで存在感のある彫刻的な形態や、表層のパターン・デザインが特徴。

MUSEUM AAN DE STROOM
(BELGIUM, ARNHEM / 2009)

10個の箱を回転させ積み上げた形の海洋博物館

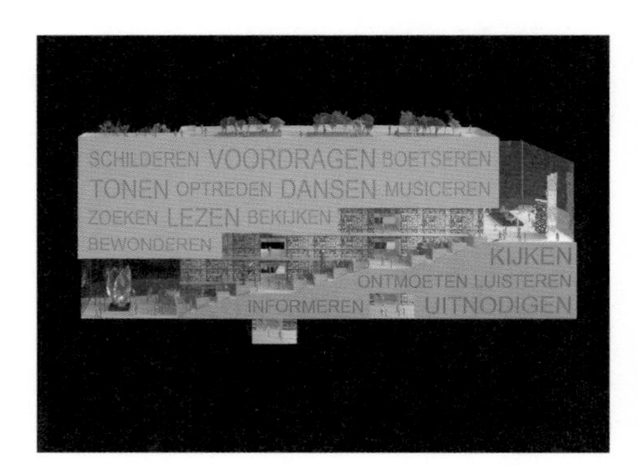

CULTURE HOUSE
(IN PROGRESS)

書架を柱のない開放的な空間で覆った文化施設

図書館というイメージから、パピルスの原料である葦のグラフィックをガラスに施した。光をほどよく遮る

1995～2002年までベルラーヘ・インスティテュートの学長を務める。代表作はマーストリヒト美術・建築アカデミー、KNSM島の100戸の高層集合住宅、ユトレヒト大学図書館など。ガラスやコンクリートを効果的に使用したダイナミックで端正な表情をもつデザインが特徴である。

UNIVERSITY LIBRARY UBU
(NETHERLANDS, UTRECHT／2004)

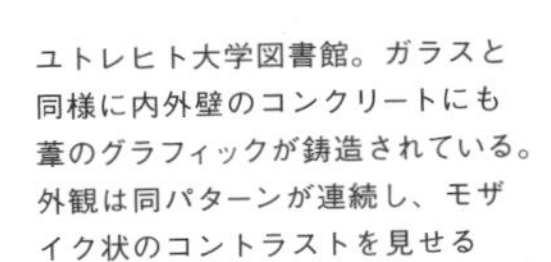

ユトレヒト大学図書館。ガラスと同様に内外壁のコンクリートにも葦のグラフィックが鋳造されている。外観は同パターンが連続し、モザイク状のコントラストを見せる

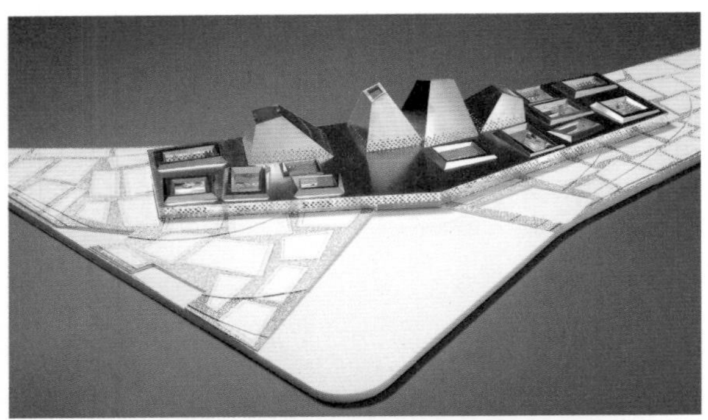

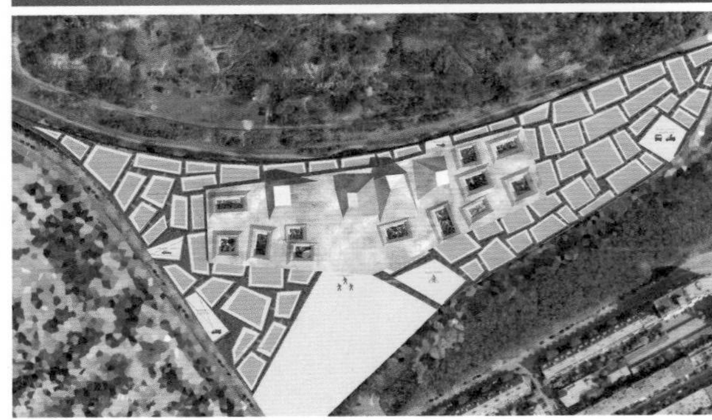

INTERNATIONAL CRIMINAL COURT
(NETHERLANDS, DEN HAGUE ／ 2008)

４つの突出したヴォリュームが象徴的な国際刑事司法裁判所のコンペ３等案。要塞のような存在感と対比的な植栽の平面配置も計画

SPORT COLLEGE LR +VN
(NETHERLANDS, UTRECHT ／ 2006)

プレキャスト・パネルの外壁。パネルの黒い表面の気泡パターンは、アルミの型でポリエステル樹脂を圧着したもの

左の施設内部。アトリウムを仕切る壁面ガラスに、マライケ・ファン・ワーマーダムが描いたオランダの風景画

MOBILE HOME FOR KRÖLLER-MÜLLER (1995)

OMAなど建築家との協業で知られるリースハウト（1963年生）は、展示されるだけのアートやマーケティング主導のプロダクトのあり方を変えるように、アートを日常化。その実践的な活動はダッチデザイナーの心の拠り所でもある。FRPを吹きつけた多くの移動式住居が代表作。

基本ユニットと着脱可能なキッチン、寝室などのユニットで構成される簡易住宅。部屋の主従関係をより明確にした

FURNITURE, BODY SOFA (2009)

無数の人が折り重なり、その上に腰掛けるソファ。「機能的な彫刻」が本作品のコンセプト

FURNITURE, WOMAN
(2009)

人をベンチに見立てた。人間の身体のもつ機能性は彼の古くからのテーマ

MODULAR HOUSE MOBILE (1995-96)

建築の法規制から逃れる移動式住居のコンセプトは、MOBILITYとMODULARITY

MINI CAPSULE
SIDE ENTRANCE 6 UNITS
(2002)

6つの部屋を有するカプセルホテル。ブラッド・ピットが購入したことでも知られる

ヴィ・エム・エックス アーキテクツ

VMX ARCHITECTS

ESTABLISHED in 1994 / ATELIER in AMSTERDAM

S-HOUSE [NETHERLANDS, AMSTERDAM／2006]

オランダの典型的な隣家と地続きの裏庭とは別に、ファサードの2階部分をぽっかりと空け、プライベートな中間領域を設けた。結果、採光と通風も確保

ドン・マーフィ（1965年アイルランド生）は、ベルラーヘ・インスティテュート修了後、VMX設立。若手建築家のための設計競技「ユーロパン3」にレイナー・デ・グラーフとともに参加し優勝。タイポロジーとマテリアルの2つの柱を軸に可能性を引き出すことを、特徴としている

SODAE-HOUSE
(NETHERLANDS, AMSTELVEEN／2009)

1,200㎡の小さな島に建つ500㎡の住宅。ビル群や空港から飛び立つ飛行機への視線を遮りつつ、周囲の自然を十分に堪能できるように、傾斜した壁面を多用

EIKENBOOM (NETHERLANDS, ZEIST／2003)　病後の療養施設。ドーナッツ状の平面により、各部屋から自然が望める

OVERWRITE KNOWLEDGE

時代の断崖を町の風景の中に見て取れる不思議な町、アムステルダム。最初に訪れた5年ほど前から、それが気になっていたが、ほんの少しその理由が分かった気がする。

飾り窓エリアをデザインオフィスにコンバージョン。アムステルダム市とデザインコンサルタントHTNKらのプロジェクト

LLOYD HOTEL
http://www.lloydhotel.com/

リチャード・ハッテンの手がけたロイド・ホテルの照明デザイン

JOEP VAN LIESHOUT
http://www.ateliervanlieshout.com/

ヨープ・ファン・リースハウトの広大なアトリエ風景

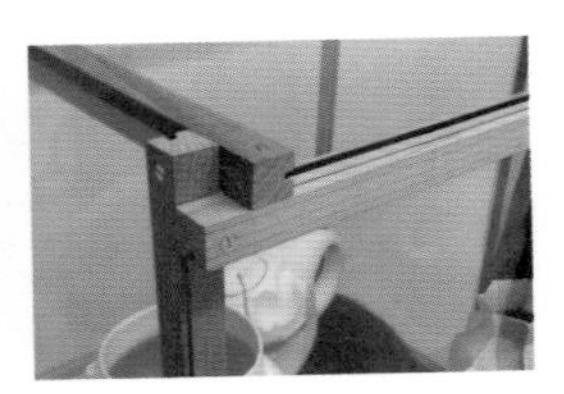

JAN SLOTHOUBER & WILLIAM GRAATSMA

数学的造形で知られるふたりの建築家/デザイナーによるテーブル

見たら真似できる「デザイン」、見るまで想像できない「デザイン」

デザインとは？ と聞かれたら、僕は「知の更新」と答える。ただ、その答えはすべてを言い当てたものではなく、ほかにもたくさん解釈はある。ただ、オランダ・デザインを説明するとき、その「知の更新」という言葉がよく当てはまる。「見たら真似できる。見るまで想像できない」。新たな領域を切り開く力強さとウィットに富んだ作風が、オランダのデザインには共通する。

では、それはどんな土壌から生まれたかだが、ご存じの通り、国土の4分の1以上が海抜0m以下の干拓地から生まれている。周辺の土壌豊かなヨーロッパ諸国と比べ、自然との戦いの中で観察と考察によって解決策を見いだし、自らの生活を協力しながら築いてきた成熟した大人社会がある。

また、欧州の中核に位置することから、流通の拠点として他民族との関わりの中で成長し、さらに3度も侵略戦争を経験しながらも生きながらえてきた国であることから、偏見にとらわれず、どこに価値があるかを見極める視点に長けている。その1つの表れが「売春」や「大麻」の合法化である。普通であれば、偏見の目で見られ隠蔽される部分を、社会の構造と捉えて顕在化し、肯定的にエネルギーにかえる視点だ。それゆえに国民全体の雰囲気として、既成概念に囚われることのない「知の更新」の結果産み落とされたものを、価値判断の軸に置く、寛容な共通意識が育まれてきた。

1990年代頃より突如頭角を現し、小国ながらも秀作を世に輩出し続けているオランダデザインはそんな社会的背景の中で生まれた。そしてオランダの経済復興が世のポストモダンと時期を同じくし、そこで生まれたデザインを皮肉混じりにDROOG＝ドライと名づけたのだ。

社会、デザイン界ともに今もポストモダンの意識を共有しながら、色あせることなく成長し続けているその理由は、「知の更新」を信念とするオランダの人々の強い意識によるものにほかならない。

文・長坂 常（建築家）

オーエムエー/エーエムオー

OMA / AMO

ESTABLISHED in 1975 / ATELIER in ROTTERDAM

PRADA TRANSFORMER (KOREA, SEOUL / 2008)

レム・コールハース率いるOMAは、社会、経済問題などのリサーチを行うシンク・タンクAMOを併せもつ。逆さの名前のとおり2つの組織は対であり、建築デザインと現代都市の分析が同時に行われる。建築家の存在の意義を世間に問いかけたコールハースの功績は計り知れない。

ソウルに16世紀に建立された慶熙宮に隣接する敷地内に置くことで、歴史的コンテクストに現代性を与えた

PRADA TRANSFORMER (KOREA, SEOUL ／ 2008)

六角形、十字、長方形、円と４面をもつ。展示プログラムに応じてクレーンで回転させる「可変式」建築

オープン時の展示「WAIST DOWN-SKIRTS BY MIUCCIA PRADA」。プラダ歴代スカートを‘動き’で表現

PRADA LOOKBOOK (2008)

プラダとミュウミュウのキャットウォーク・ショーを手がけるOMA/AMOによるコンセプトブック。ショーと同じコンセプトで統一し、詳細に記録された舞台裏の写真や斬新なグラフィックが満載

CASA DA MUSICA (PORTUGAL, PORTO ／ 2005)

ポルトの歴史地区中心地にあるロトンダ・ダ・ボアビスタの外周に面した敷地

没になった住宅模型を劇場のスケールに拡大してしまった形態。タイポロジーに対する問題を投げかけた

くり抜かれた部分が空間に、残った部分が構造や設備となる大胆なコンセプト

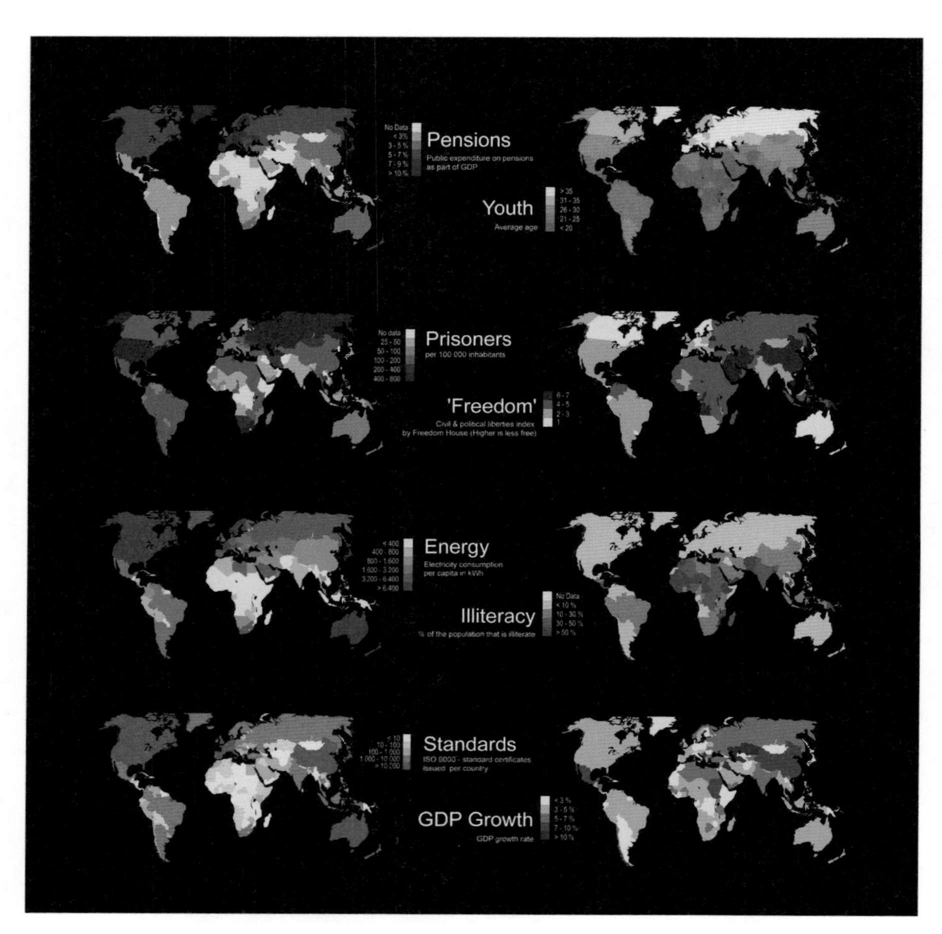

AMO ATLAS, WORLDWIDE (2002)

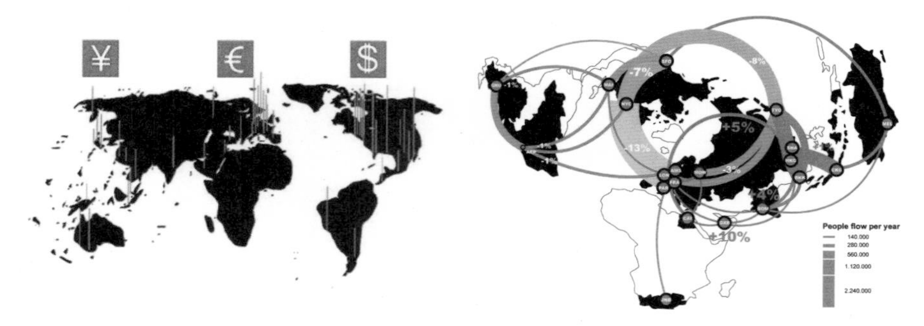

世界の三大通貨をY（円）、E（ユーロ）、S（ドル）で肯定した（左）。人の移動率を円でつないだグラフ（右）

グローバリズムに関するリサーチにより様々なコンテクストを築く。都市の成長率を予測し可視化

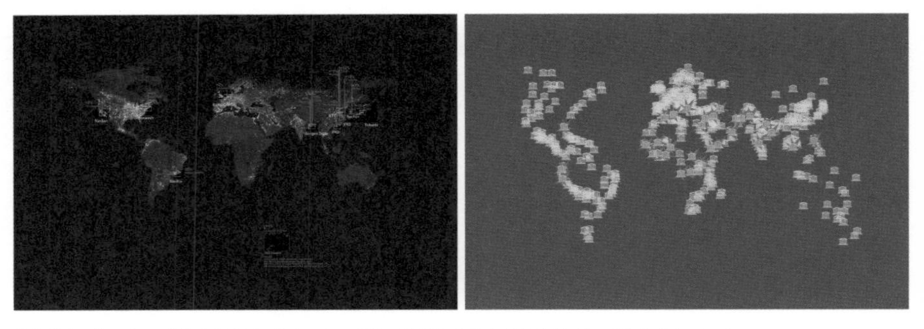

世界遺産の数、GDP成長率などが、数字、色、実際の地形とは異なる形でヴィジュアル化されていく

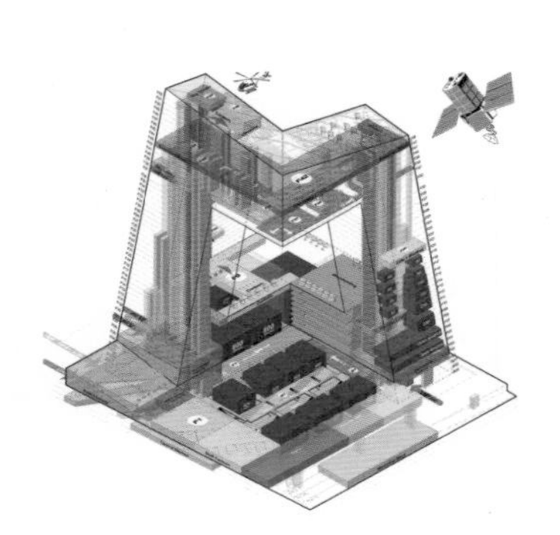

CCTV (CHINA, BEIJING ⁄ 2009)

中国中央電視台社屋。ループ状の動線の外周がチューブ状の構造体となる。場所により形態が異なって見える

ヨー・クーネン

JO COENEN

ESTABLISHED in 1979 / *OFFICE in* MAASTRICHT

AMSTERDAM PUBLIC LIBRARY
(NETHERLANDS, AMSTERDAM ／ 2007)

ラウンジスペース。ライブラリー全体のサイン計画はトニックによる

ブロック状のガラスファサードは、内部への採光のほか周囲に対しての日照を確保する

ヨー・クーネン（1949年生）は、アイントホーヘン工科大学卒業。アルド・ファン・アイクの元で働いた経験をもつ。複雑な機能を含む公共建築設計で手腕を発揮する。多くの都市のスーパーバイザー、政府主任建築家を歴任。アムステルダム、ミラノにもオフィスを構える

かつて港であったKNSM島（全長約2km）のマスタープラン。手前の円形の建物もクーネンによる集合住宅

MASTER PLAN KNSM ISLAND (NETHERLANDS, AMSTERDAM ／ 1988)

オニックス

ONIX

ESTABLISHED IN 1994 / OFFICE in GRONINGEN

THE SEARCHING HOUSE (NETHERLANDS, LEMMER／2007)

納屋を改築した住宅。古い屋根とトラスを残し、その下で空間自体が自律的に、新しく機能を発見していく

北欧やドイツに接するオランダ北部の都市、フローニンゲンにハイコ・メイヤー（1961年生）らが設立。ローカルな素材やタイポロジーなどのコンテクストをうまく取り込み、優しい空間をつくり出す。世界中で多くの違う種類をもつメノウ石（ONIX）のような存在が彼らのモットー。

ECOLOGIC FARM (NETHERLANDS, HAREN ／ 2003)

緑豊かな公園内にある施設を増築。積載された丸太がテントのように覆いかぶさる。内部は半屋外空間

MULTIFUNCTIONAL PLAYGROUND BUILDING
(NETHERLANDS, GRONINGEN／2003)

シンボリックな1続きの屋根の下の大空間を明快に2分。プログラムを建築的に決定したエリアと、農夫が自由に使える空間に分けられた。体験施設をもつ有機農場

ウエストエイト

WEST 8

ESTABLISHED in 1987 / OFFICE in ROTTERDAM

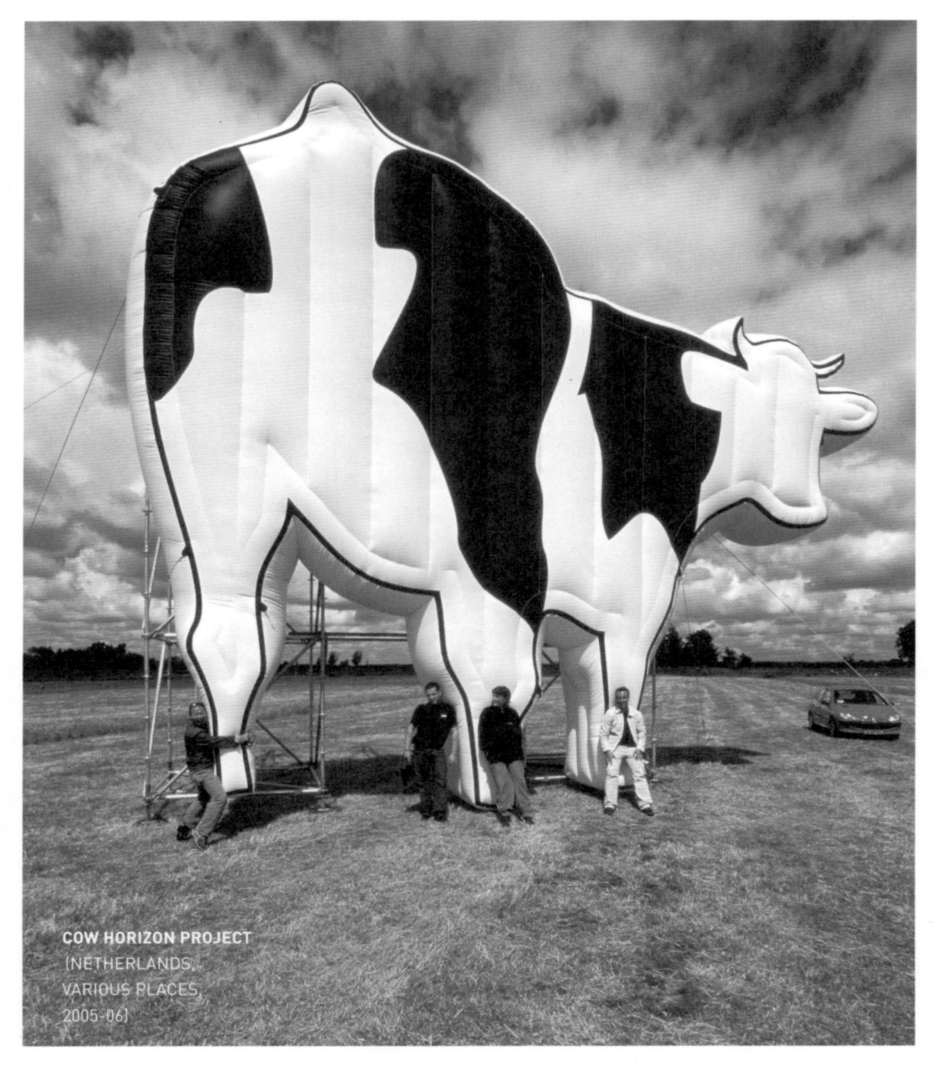

COW HORIZON PROJECT
(NETHERLANDS,
VARIOUS PLACES,
2005-06)

高速道路沿いに置かれた約８ｍの牛のバルーン。周囲に広がるオランダの原風景へ注視を促す試みとして設置された

アドリアン・ヒューゼ(1960年生)は、ヴァヘニンヘン農業大学でランドスケープ・アーキテクチュアを学んだ後、パウル・ヴァン・ベークとともに都市計画・ランドスケープ事務所であるWEST8を設立。ロッテルダムのスコウブルグ広場やボルネオ/スポールンブルグ地区マスタープランなどが代表作。

湾に面した新興住宅地区、ボルネオ/スポールンブルグ開発地区をつなぐ３つの橋がリズムある表情をつくり出している

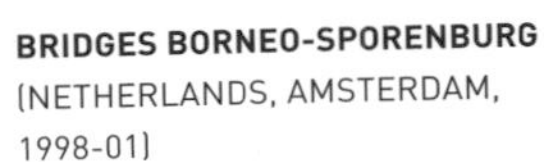

BRIDGES BORNEO-SPORENBURG
(NETHERLANDS, AMSTERDAM, 1998-01)

BORNEO-SPORENBURG
(NETHERLANDS, AMESTERDAM
1993-96)

ボルネオ／スポールンブルグ島のマスタープラン。オランダの伝統的なカナルハウスをコンセプトに、
様々な建築家による異なるタイプの3階建て住宅が並ぶ

ヴェンホーヴェン・シーエス

VENHOEVEN CS

ESTABLISHED in 1988 / *OFFICE in* AMSTERDAM

SPORTPLAZA MERCATOR
(NETHERLANDS, AMSTERDAM / 2006)

緑豊かな公園内につくられたスポーツセンター。建物を植物で覆い緑化することで、敷地内に広がる緑地を投影している

代表のトン・ヴェンホーヴェンは1954年生まれ。政府のインフラ事業アドバイザーを務めるなど社会基盤や都市の計画から、小中規模建築のデザインまで手がける。事務所名のCSという文字は、CULTURE と SOCITY の略称であり、サスティナブルな社会を構築する設計を軸に据えている。

洞窟をイメージし、複数の躯体のレイヤーがデコボコと入り組む

JAN SCHAEFER BRIDGE
(NETHERLANDS, AMSTERDAM / 2001)

手前にある古い倉庫の下をくぐり抜けて対岸に渡る橋

+/PLUS

DE ARCHITEKTEN CIE (ESTABLISHED in 1988)
ATELIER in AMSTERDAM

代表4名が率いる約50名のアトリエ的組織事務所

HENDRIK .PETRUS. BERLAGE
(BORN in 1856 / DEATH in1934)

オランダ近代建築の父、アムステルダム派の重鎮

MORIKO KIRA (Born in 1965)
Atelier in AMSTERDAM

アムステルダムで独立15年を数える日本人建築家

MONDADNOCK (Established in 2006)
Office in ROTTERDAM

MVRDV出身の若手。オフィス名は「残丘」の意

KOEN VAN VELSEN (Born in 1952)
Atelier in HILVERSUM

ヴォリューム操作と素材によるシャープさが特徴

RENE VAN ZUUK (Born in 1962)
Atelier in ALMERE

技術を活かし最小コストで最大効果を実現

本頁ではカタログパートでカバーできなかったオランダの建築家を紹介。
現在、活躍しはじめている新しい世代の若手、オランダで活躍する外国人建築家、
そして歴史的に重要な建築家を含めた。

DOK ARCHITECTEN (ESTABLISHED in 2007)
Office in AMSTERDAM

ファン・デル・ポルと合併してできた新事務所

ATELIER KEMPE THILL (Established in 2000)
Atelier in ROTTERDAM

ドイツ出身のアンドレ・ケンペら2人により設立

HERMAN HERTZBERGER (Born in 1932)
Office in AMSTERDAM

A.V.アイクを継ぐオランダ構造主義の中心的人物

ALDO VAN EYCK
(BORN in 1887 / DEATH in1954)

労働者や児童向け設計でオランダ構造主義を牽引

2012 ARCHITECTS (ESTABLISHED in 1997)
Office in ROTTERDAM

再利用できる材料を建築に転用する若手事務所

JOHN KÖRMELING (Born in 1951)
Atelier in EINDHOVEN

2010年上海万博オランダ館を担当する注目作家

PEOPLE

CONTRIBUTORS

原研哉 KENYA HARA
グラフィックデザイナー。日本デザインセンター代表。武蔵野美術大学教授。1958年生まれ。デザインの領域を広くとらえて多方面にわたるコミュニケーションプロジェクトに携わる。長野オリンピックの開・閉会式プログラムや、2005年愛知万博のプロモーション、展覧会「建築家たちのマカロニ展」「リ・デザイン／日常の二十一世紀展」「センスウェア展」などを企画。01年より無印良品のボードメンバー。その広告キャンペーンで2003年度東京アートディレクターズクラブ賞グランプリを受賞。書籍に関連するデザインでは講談社出版文化賞、原弘賞、亀倉雄策賞、一連のデザイン活動に対して日本文化デザイン賞ほか内外で数多くの賞を受賞。

西沢立衛 RYUE NISHIZAWA
建築家。横浜国立大学大学院建築都市スクールY-GSA准教授。1966年東京都生まれ。1990年横浜国立大学大学院修士課程修了。同年、妹島和世建築設計事務所入所。1995年妹島和世と共にSANAA 設立。1997年西沢立衛建築設計事務所設立。主な受賞にプリツカー賞、ヴェネチア・ビエンナーレ第９回国際建築展金獅子賞、第46回毎日芸術賞、ロルフ・ショック賞、日本建築学会賞、ベルリン芸術賞等。主な作品に、「ウィークエンドハウス」、「ディオール表参道」*、「金沢21世紀美術館」*、「森山邸」、「House A」、「トレド美術館ガラスパビリオン」*、「海の駅なおしま」*、「スタッドシアター」*、「ニューミュージアム」*、「十和田市現代美術館」、「ROLEXラーニングセンター等」*。(*は共同設計)

土田貴宏 TAKAHIRO TSUCHIDA
フリーランスライター。1970年北海道生まれ。2001年より、紙媒体を中心に、家具をはじめとするプロダクトやグラフィックなどについて執筆。共著に『北欧モダン デザイン＆クラフト』ほか。これまで「Pen」「デザインの現場」「商店建築」に連載をもつ。

加藤孝司 TAKASHI KATO
ライター。1965年東京都浅草生まれ。建築・デザイン・アートを横断的に執筆。デザイン誌や建築誌への寄稿をはじめ、2005年より始めたblog「FORM_Story of design」では建築、デザイン、アートなど、独自の視点から論考中。

吉村靖孝 YASUTAKA YOSHIMURA
建築家。1972年愛知県豊田市生まれ。1997年 早稲田大学大学院理工学研究科修士課程修了。1999～01年 文化庁派遣芸術家在外研究員としてMVRDV在籍。2001年 吉村真代、吉村英孝とともにSUPER-OS共同主宰を経て、2005年 吉村靖孝建築設計事務所設立。2006年第22回吉岡賞受賞。2009年DFAアワード金賞受賞。著書に『EX-CONTAINER』(グラフィック社)、『超合法建築図鑑』(彰国社)など。

長坂 常 JO NAGASAKA
建築家。1971年大阪府生まれ千葉育ち。東京藝術大学美術学部建築学科卒業。1998年スタジオスキーマ（現スキーマ建築計画）設立。2007年ギャラリーなどとスペースを共有するコラボレーションオフィスhappaを設立。主な作品に「Sayama Flat」、「Flat Table」、「奥沢の家」、「happa hotel」など。著書『B面がA面にかわるとき』(大和プレス)。

CONTRIBUTING STAFFS

ユイキヨミ KIYOMI YUI
ジャーナリスト。東京都生まれ。オランダ、アムステルダム在住。阪急コミュニケーションズの「Pen」でニュースコラムを連載。「カーサ・ブルータス」、「フィガロ・ジャポン」、「エル・デコ」、「ミセス」、「プレシャス」他の雑誌に執筆。

伊藤暁 SATORU ITO
建築家。1976年東京都生まれ。2002年横浜国立大学大学院修了。2002～06年 aat+ヨコミゾマコト建築設計事務所。2006年伊藤暁建築設計事務所設立。主な作品に「クマグスのモリ」「目黒ビル」「B-OFFICE」「銀座ITO-YA」「S-House」「T-House」など。2010年より首都大学東京非常勤講師。

大家健史 TAKESHI OIE
編集者。1977年大阪府生まれ。早稲田大学建築学科卒業後、同大学大学院修士課程修了。フリックスタジオを経て、2009年よりフリーランス。共著に『リノベーションの現場』(彰国社)、編集協力に『トウキョウ建築コレクション2009』(建築資料研究社)、『住宅プラン図鑑』(日経BP社)等。

SUPERVISORS

柴田直美 NAOMI SHIBATA
編集者・デザイナー。1975年愛知県名古屋市生まれ。1999年武蔵野美術大学建築学科卒業。1999～2006年、建築雑誌「エーアンドユー」編集部。2006～07年、文化庁派遣芸術家在外研究員としてアムステルダムのグラフィックデザイン事務所Thonikに在籍。以降、編集、グラフィックデザインを中心にフリーランス活動。2009～10年、展覧会「Thonik exhibition 'en'」とスパイラル25周年キャンペーンのコーディネイター。

藤村龍至 RYUJI FUJIMURA
建築家。1976年東京都生まれ。2002年東京工業大学大学院修了後、ベルラーヘ・インスティテュート在籍を経て2008年東京工業大学大学院博士課程単位取得退学。2010年より東洋大学専任講師。編著に『1995年以後』（エクスナレッジ）。フリーペーパー「ROUNDABOUT JOURNAL」共同主宰、ウェブマガジン「ART and ARCHITECUTRE REVIEW」共同主宰、作品に「BUILDING K」など。

ワダケンジ KENJI WADA
デザイナー。1980年愛知県名古屋市生まれ。オランダ、デザインアカデミー・アイントホーヘン大学院修了。広告代理店勤務を経て2010年、デザインの研究所を設立。「コンセプトのある生活」を様々なジャンルを通して表現。作品として、「Smoky Ashtray, Broken Lamp, Carpet Table」など。WEB連載に「すすめるデザイン」(SCOPE)。

ART DIRECTOR

クロ・アンド・コ QULLO & CO.
グラフィックデザイナー。1971年大阪府生まれ。キャップ、藤本やすし氏に師事。雑誌・書籍を中心に、LOUIS VUITTON、CELUX、ラフォーレ原宿などの制作物に携わる。「カーサ・ブルータス」(マガジンハウス) チーフデザイナーを経て、2008年に独立、QULLO & CO. 設立。「LIVES」(第一プログレス)、「Hanako FOR MEN」(マガジンハウス) アートディレクター。

PHOTOGRAPHER

一之瀬ちひろ CHIHIRO ICHINOSE
写真家。1975年東京生まれ。国際基督教大学教養学部卒業。2000年コニカフォトプレミオ入選。2007年写真集「ON THE HORIZON」(AAC)で「第41回日本装幀造本コンクール」日本印刷産業連合会長賞。

EDITOR AS AUTHOR

木戸昌史 MASASHI KIDO
編集者。1978年新潟県生まれ。上智大学外国語学部英語学科卒業。建築、デザイン誌の編集者として出版社在職中に、2007年、エディトリアル・ディレクターとして「design adDict」を創刊。以降、オランダの建築デザインおよび、制作におけるコンセプチュアルな方法に関心を寄せる。2010年より建築、デザイン、美術に関する出版活動WHATEVER.PRESSを共同主宰。過去の連載に「CONCEPTUAL DESIGN, THE WAY OF DUTCH DESIGNERS' THINKING」「+DESIGNING」誌ほか。編著に『FOLK TOYS NIPPON』(BNN新社) がある。

オランダのデザイン　跳躍するコンセプチュアルな思考と手法
建築・プロダクト編

DUTCH DESIGN

NEDERLANDSE VORMGEVING *
ITS CONCEPTUAL WAY OF THINKING & MAKING

ARCHITECTURE & PRODUCT DESIGN

2010年4月22日　初版第1刷発行

EDITOR AS AUTHOR
木戸昌史

SUPERVISOR
柴田直美
藤村龍至
ワダケンジ

CONTRIBUTING STAFF
ユイキヨミ
伊藤曉
大家健史

ART DIRECTION & DESIGN
QULLO & Co.

PHOTOGRAPHER
一之瀬ちひろ

COOPERATION
加藤孝司
依田加奈恵
whatever.press

TRANSLATOR
岸田麻矢

DTP OPERATOR
藤川重雄
PIE GRAPHICS

EDITOR IN PUBLISHER
高橋かおる
及川さえ子

SPECIAL THANKS
オランダ王国大使館
オランダ政府観光局
www.holland.or.jp
PREMSELA FOUNDATION
LLOYD HOTEL
BAS VALCKX
+81 MAGAZINE
数野由香子
幸田有美子
森泉尚子
鈴木直子
AKIKO TANAKA
CIBONE AOYAMA
木下マリアン
藤本邦治

発行元　パイ インターナショナル
〒170-0005　東京都豊島区南大塚2-32-4（東京支社）
TEL：03-3944-3981　FAX：03-5395-4830
sales@pie-intl.com
埼玉県蕨市北町1-19-21-301（本社）

印刷・製本　株式会社東京印書館
制作協力　PIE BOOKS

ISBN 978-4-7562-4020-0 C3070
Printed in Japan

内容に関するお問い合わせは下記までご連絡ください。
PIE BOOKS　TEL: 03-5395-4819

PHOTO CREDITS

COURTESIES & PHOTOGRAPHERS

ALAIN SPELTDOORN_019 / ATELIER VAN LIESHOUT_216-219 / BAS HELBERS_022 BELOW / BAS PRINCEN_172-173 / BOB GOEDEWAAGEN_018 / CHRISTIAAN RICHTERS_178-179, 202-203, 204-205, 210, 229 ABOVE / DROOG_046 BELOW / GERARD VAN HEES_047, 049 BELOW / GUUS SCHOTCH_082 BELOW-L / HANS LUIKEN_229 BELOW-R / HANS VAN LEEUWEN_175 / INGMAR KRAMER_085 BELOW-R / IWAN BAAN_180, 200-201, 202 BELOW-L, 232-233 / JAN BITTER_212-215 / JEROEN MUSCH_181 / JEROEN HOFMAN_018 PORT / JOHANNES ABELING_061 BELOW-R / JOOST VAN BRUG_084, 085 ABOVE-R / KALPESH LATHIGRA_078 ABOVE-R / KONINKLIJKE TICHELAAR MAKKUM_034 / LEO VEGER_061 ABOVE / LOTTE DEKKER_061 BELOW-L / LUUK KRAMER_244-245 / MAARTEN VAN HOUTEN_076-079 / MANDY PIEPER_060 / MARLIES WIECHMANN_076 PORT / MARSEL LOERMANS_020-021 ABOVE / MONIEK WEGDAM_020 BELOW / NETHERLANDS BOARD OF TOURISM & CONVENTION,JAPAN_149-150 / PETER DE KAN_238-239 / PHIPIPPE RUAULT_227 BELOW / RAOUL KRAMER_085 BELOW-L / RICHARD LEGGE_046 PORT / ROBAARD / THEUWKENS_040 BELOW, 046, 048-049, 052 BELOW, 053 BELOW / ROB DE JONG_236 / ROB'T HART_184-193 / ROEL BACKAERT_211 / SCAGLIOLA & BRAKKEE_021 BELOW / SOTHERBY'S_085 ABOVE-L / SPUTNIK_237 / SUZANNE VALKENBURG_035 ABOVE-R / TED NOTEN_080-83 / YOSHIAKI TSUTSUI_046 PORT

R=RIGHT, L=LEFT, PORT=PORTRAIT